자연은 포기하지 않는다

- 이 책의 원고는 〈한겨레〉 '애니멀 피플'에 2025년 5~12월 연재됐습니다.
- 동식물의 이름은 영문명 병기를 기본으로 하되, 필요한 경우 학명을 병기했습니다.
- 내용의 출처는 미주로 처리했습니다.
- 책에 수록된 펭귄의 바이오 로깅 연구는 환경부 용역 과제 〈남극특별보호구역 모니터링 및 남극 기지 환경 관리에 관한 연구(PG14030, 15040, 16040, 17040, 18040, 19040, 20040)〉, 극한 수면 적응 부분은 정부(과학기술정보통신부)의 재원으로 한국연구재단의 지원을 받아 수행된 연구입니다(RS-2025-00573168). 또한 남극해 해양 관측을 위한 웨델물범 잠수와 기후 변화 관련 내용은 해양수산부의 재원으로 해양수산과학기술진흥원(KIMST)의 지원(RS-2023-0025677; PM25020), 북극 관련 연구는 해양수산부의 재원으로 극지연구소의 지원을 받아 수행됐습니다(PE25060).

자연은 포기하지 않는다

극한의 동식물에게 배우는 살아갈 용기

이원영 지음

교보문고

추천사

끝없는 얼음이 펼쳐진 남극을 생각하면 차가움과 고요가 먼저 스며듭니다. 그러나 이원영 박사는 그곳에서 전혀 다른 얼굴의 자연을 발견합니다. 포기하지 않는 생명, 끝까지 버티고 적응하고 심지어 기쁨을 누리는 존재들입니다. 극지의 혹독함 속에서도 이어지는 이 생명의 움직임은 독자를 자연의 깊은 리듬으로 이끕니다.

《자연은 포기하지 않는다》는 극지를 가장 가까운 자리에서 연구해 온 세계적인 전문가가 들려주는 과학과 서사의 조화입니다. 8,000미터 상공을 나는 줄기러기, 얼음 아래를 유영하는 웨델물범, 하루 1만 번 졸아야 하는 턱끈펭귄 그리고 기후 위기로 새로운 딜레마에 놓인 북극곰까지 각 장은 한 생명의 전략을 전문적이면서도 살아 있는 언어로 풀어냅니다.

이 책의 매력은 냉철한 연구자의 눈과 따뜻한 현장의 감각이 한 문장 안에 자연스럽게 공존한다는 점입니다. 남극에서 오랜 시간을 보낸 과학자의 기록이기에 깊이 신뢰할 수 있고, 독자는 마치 그와 함께 극지를 관찰하는 듯한 생생함을 경험합니다. 극한 속에서도 포기하지 않는 자연은 이제 포기하면 안 되는 쪽이 우리임을 일깨웁니다. 극지에서 보내온 이 책은 생명의 회복력과 행성의 미래를 함께 생각하게 하는 아름다운 안내서입니다.

이정모(전 국립과천과학관장)

프롤로그

남극의 얼음 계곡, 초속 20미터가 넘는 눈보라에 텐트가 흔들리는 소리를 들으며 숨죽였던 밤이 기억난다. 행여 텐트가 날아가 버릴까 걱정돼 얼음에 못을 깊게 박아 고정했고, 침낭 속에 몸을 웅크린 채 밤새 추위와 싸웠다. 암흑의 냉기에 떨면서 순간 '살아남는다'는 단어를 떠올렸다.

살아남는다는 건 그냥 '산다'가 아니다. 어떻게든 살아서 끝내 이곳에 남아 적응하고야 말겠다는 강한 의지의 단어다. 인간은 극한 환경 앞에 나약하다. 온갖 장비들을 챙겨 와도 눈과 바람 앞에 한없이 작은 존재가 되고 만다. 하지만 텐트 밖에 있는 동물들은 다르다. 마치 '이 정도 추위쯤이야' 하는 표정으로, 영하 40도의 추위도 거뜬히 버텨 낸다.

지난 10년간 남극, 북극, 열대에서 수많은 동물들을 보며 그들의 인내와 유연함에 매번 감탄했다. 내가 만난 자연은 극한에서도 포기하지 않았고, 놀랍도록 훌륭히 살아남았다. 자연은 인간에게 교훈을 주려 하지 않았지만, 그들이 살아남는 과정은 자연스레 내 마음을 울렸다.

현장에서 내가 느낀 소회는 간단하다. 생명은 항상 답을 찾는다는 것. 그리고 그 방법은 늘 내 상상을 뛰어넘는다.

남극의 웨델물범은 바다를 가득 채운 얼음 아래서 이빨로 숨구멍을 뚫어 호흡하고, 남방코끼리물범은 해저 2,000미터까지 잠수한다. 턱끈펭귄은 초 단위의 미세 수면을 이어 붙여 하루를 버티고, 북극곰은 단열이 뛰어난 털과 지방층으로 추위를 이겨 내며, 황제펭귄은 서로 어깨를 맞대 체온을 나눠 한겨울을 버틴다. 히말라야 상공에서는 줄기러기가 산소가 희박한 공기 속에서도 날개를 펴고, 바다의 날치는 수면을 뚫고 나와 지느러미를 펴 활공하며, 가창오리는 수만 마리가 군무를 이루면서도 서로 부딪치지 않는다. 열대 우림의 탁한 물속 전기뱀장어는 전기로 먹이를 탐지하고 대화하며, 멕시칸테트라는 어두운 동굴에서 눈 대신 측선으로 미세한 파동을 읽어 세상을 본다. 심해를 헤엄치는 향유고래는 머리에서 만들어 낸 음향으로 대왕오징어를 사냥하고, 콜럼버스게는 바다거북의 몸에 탑승한 채 바다를 여행한다. 완보동물은 물이 사라지면 몸을 움츠려 시간을 접듯 버티고, 맹그로브는 높은 염분과 파도 속에서도 뿌리를 내린다. 사막의 캥거루쥐는 평생 물을 마시지 않은 채 살고, 북극버들은 툰드라의 바닥에 바짝 붙어 수백 년을 산다.

이 책은 극한에 살아남은 생명체에 대한 존경의 기록이다. 그들에게 극한은 거대한 장애물이지만, 그것을 가까스로 넘어선 순간부터 각자의 방식을 체득

한다. 책을 통해 내가 현장에서 보았던 그들의 숨결과 체온이 담긴 생존 방식을 전하고자 한다. 나름의 방식으로 존재를 드러내는 생명들을 만날 때의 경외감이 이 책을 읽는 이들의 마음에도 전달되길 바란다.

이원영

차례

추천사 _이정모 전 국립과천과학관장 4
프롤로그 6

01. 물에 몸 담그기 _____ 12
남극 얼음 밑 바다를 즐기는 웨델물범

02. 졸기 _____ 26
4초씩 1만 번, 하루 열한 시간 자는 턱끈펭귄

03. 높이 날기 _____ 38
산소 없는 8,000미터 상공의 여행자, 줄기러기

04. 침잠하기 _____ 52
깊은 심해의 생활을 즐기는 남방코끼리물범

05. 인내하기 _____ 64
진흙 속에도 뿌리를 내리는 맹그로브

06. 모이기 _____ 76
평균 기온 영하 40도 추위를 함께 모여 견디는 황제펭귄

07. 도망치기 _____ 90
바다와 하늘의 경계를 극복한 물 위의 도망자, 날치

08. 적응하기 _____ 102
약점이 돼 버린 북극곰의 극한 적응

09. 움츠리기 _____ 114
느리지만 지구에서 가장 강한 완보동물

10. 표류하기 _____ 124
표류하지만 길을 잃지 않는 바다의 히치하이커, 콜럼버스게

11. 느끼기 _____ 132
자연이 만든 짜릿한 생존 도구의 개발자, 전기뱀장어

12. 소리 내기 _____ 144
딸깍 소리로 주변을 감지하는 향유고래

13. 함께 춤추기 _____ 156
생존을 위해 자연이 설계한 가창오리의 군무

14. 절약하기 _____ 170
물 한 방울 마시지 않고 사막을 견디는 캥거루쥐

15. 마음으로 보기 _____ 180
멕시칸테트라의 보이지 않는 눈은 퇴화 아닌 진화

16. 버티기 _____ 190
얼음의 땅에서도 누구보다 단단하게 자라는 북극버들

미주 202

01

물에 몸 담그기

남극 얼음 밑 바다를 즐기는 웨델물범

"바다에 빠질 때마다
집으로 돌아가는 기분이 든다."

- 실비아 얼

 카페 브랜드 스타벅스 로고엔 그리스 신화에 등장하는 바다의 인어 '세이렌Siren'이 그려져 있다. 배를 타고 가는 선원들을 아름다운 노랫소리로 유혹해 바다에 빠지게 만들었다는 이야기 속 주인공 말이다. 북유럽 신화에도 인간 형상의 상체와 물고기 꼬리지느러미 같은 하체를 가진 인어의 전설이 등장한다. 1837년 덴마크 작가 한스 안데르센Hans Andersen은 이를 모티브로 《인어공주》라는 유명한 동화를 남기기도 했다.

이런 이야기들에는 공통적인 원형이 있다. 인간의 상체를 연상시키는 몸통에 지느러미 같은 팔다리를 가진 해양 포유류, 바로 기각상과Pinnipedia 동물들이다. 이들은 물속에서 주로 어류나 갑각류를 잡아먹고 살지만, 새끼를 낳아 젖을 먹여 키우기 위해 다시 얼음 위나 해안으로 올라온다. 그 과정에서 인간과 오랜 시간 접촉해 왔기 때문에 인어 전설에 영감을 준 존재로 여겨진다.

그중에서도 특히 물범Phocidae은 매끈한 상체와 커다란 눈, 동그란 머리 때문에 외형적으로 유독 인간과 닮아 보인다. 전 세계 열여덟 종의 물범이 각기 다른 바다와 호수에 살고 있으며, 남극에는 웨델물범Weddell seal, 남방코끼리물범Southern elephant seal, 게잡이물범Crabeater seal, 로스물범Ross seal, 표범물범Leopard seal 등 총 다섯 종이 분포한다. 이 가운데 웨델물범은 연중 남극

©Yuriy Rzhemovskiy

웨델물범이 눈 쌓인 자갈 위에
누운 채 카메라를 응시하고 있다.
등 쪽은 얼룩진 갈색을 띠고 있다.

해 연안에 서식한다.

2014년 처음 남극에 방문한 이래로 나는 거의 매해 웨델물범을 만나 왔다. 몸길이 2~3미터, 몸무게 약 400킬로그램이 넘는 커다란 체격에 회갈색 털을 지닌 웨델물범의 행동은 늘 놀라우리만큼 차분하고 유연해 보였다. 햇살 좋은 날 바닷가에 누워 있는 모습을 보고 있노라면 정말 인어처럼 보일 때도 있었다.

웨델물범은 고정된 바다 얼음fast-ice을 좋아한다. 이런 얼음 지대는 해안이나 해저, 혹은 땅에 닿은 빙산에 붙어 있어서 잘 움직이지 않기 때문에 안정적으로 새끼를 낳아 키울 수 있다. 남극 얼음 위에서 잠을 청하는 웨델물범을 처음 봤을 땐 쉽게 이해가 되지 않았다. '이렇게 추운데 왜 다른 곳으로 가지 않고 여기서 살까?' 마치 추운 겨울에도 아이스 아메리카노를 고집하는 사람처럼 보였달까. 남극의 혹독한 추위를 경험한 사람이라면 의문은 더 깊어질 수밖에 없다..

남극 로스해 테라노바만에 위치한 장보고 과학기지는 겨울이면 영하 36.4도까지 떨어진다. 사실 이

정도면 양호한 수준이다. 대륙 안쪽에 있는 프랑스-이탈리아의 콩코르디아 기지의 경우 평균 영하 55도, 최저 영하 80도까지 떨어져 매우 춥다.※

그런데 역설적이게도 물속은 그리 춥지 않다. 빙하가 녹아 바다로 흘러 들어간 물은 영하 1~2도 정도로 차지만 액체 상태의 물은 기본적으로 어는점 이하로는 잘 떨어지지 않는다. 지역에 따라 혹은 수심에 따라 차이가 있지만, 수면 부근에선 어는점보다 약간 낮은 정도로 유지된다. 따라서 겨울철 장보고 과학 기지 앞 바다를 헤엄치는 물범은 기온보다 30도 이상 따뜻한 온도를 즐기는 셈이다. 온도의 절댓값은 다르지만 추운 날 따뜻한 온천욕을 즐기는 사람들과 비슷하다.

게다가 물속엔 먹을 게 많다. 혹독한 기온 탓에 겨울철 물 밖은 온통 얼어붙어 살아 있는 생명체가 거의 없는 데 비해 물속은 수온이 비교적 안정적으로 유지

※ 1983년 7월 21일, 러시아 보스토크 기지에서 관측된 기온은 영하 89.2도였다 (https://institut-polaire.fr/en/antarctica/concordia-station/).

©Matthieu Weber

프랑스 뒤몽 뒤르빌 기지가 있는 남극 페트렐섬 남쪽 끝 해안에
웨델물범이 조금 불편해 보이는 자세로 엎드려 있다.
그 뒤로 아델리펭귄들의 귀여운 모습이 시선을 끈다.

되다 보니 해양 순환류를 따라 공급된 영양분 덕에 플랑크톤이 번성하고 물고기들이 모여든다. 그리고 그 안에서 상위 포식자인 물범은 주로 큰 물고기를 잡아먹으며 커다란 덩치를 유지한다.

문제는 호흡이다. 물고기는 아가미로 호흡하니 일 년 내내 물 밖으로 나오지 않지만, 웨델물범은 기본적으로 폐로 호흡하는 포유류라 숨을 쉬기 위해선 수면 위로 나와야 한다.

여름엔 따뜻한 공기와 수온 덕에 바다 얼음이 깨지면서 구멍이 많이 생겨 숨을 쉬기 쉽다. 그래서 안정적으로 유지되는 얼음 위에서 3~4개월간 새끼를 키우거나 종종 얼음 위로 나와 잠을 자고 들어가기도 한다.

하지만 겨울은 다르다. 앞서 얘기한 것처럼 대륙 인근 바다는 대부분 얼음으로 가득 차기 때문에 숨구멍을 찾기 어렵다. 남극 대륙 주변 바다는 일부 지역을 제외하면 대부분 꽁꽁 얼어 버린다.* 따라서 남방코끼

※ 남극 겨울철 평균 바다 얼음의 두께는 약 0.66미터(±0.60미터)에 달한다(Kern

- 남극 로스섬에 위치한 미국 스콧 기지 밖 눈밭 위에 웨델물범 두 마리가 서로 멀찍이 떨어져 누워 햇볕을 쬐고 있다.

- 남극 로스섬 에러버스만 인근 눈밭 위에서 잠든 엄마 웨델물범에게 새끼 웨델물범이 입을 맞추고 있다.

리물범과 같이 비교적 온화한 환경을 선호하는 종은 겨울이 되기 전에 따뜻한 북쪽, 즉 남극 대륙보다 위도가 낮은 지역으로 이동한다. 하지만 웨델물범 조상은 남방코끼리물범과 다른 선택을 했다. 이들은 겨울에도 남극에 남아 버티기에 들어간다. 버틸 수만 있다면 경쟁자가 적기 때문에 홀로 바닷속 먹이를 독차지할 수 있다는 장점이 있다. 다만 겨울을 버티기 위해선 일단 숨을 쉴 수 있어야 한다. 얼음 틈으로 콧구멍을 내밀어 산소를 들이마셔야 버틸 수 있다.

이런 환경에 적응하기 위해 웨델물범은 직접 얼음을 깨거나 얇은 얼음을 찾아 구멍을 넓히는 방법을 고안해 냈다. 포식 동물들의 앞니와 송곳니는 대개 먹이를 잡을 때 쓰지만 웨델물범은 얼음을 깨는 용도로 쓰기도 해서 보통 물범들과는 다른 특별한 형태를 띤다. 앞니와 송곳니가 앞으로 돌출돼 구부러진 독특한 형

S, Ozsoy-Çiçek B, Worby AP. (2016). "Antarctic Sea-Ice Thickness Retrieval from ICESat: Inter-Comparison of Different Approaches". Remote Sensing, 8(7): 538. https://doi.org/10.3390/rs8070538).

ⓒHannes Grobe

남극의 차가운 눈밭에서 새끼 웨델물범이 놀란 듯, 화가 난 듯 입을 벌리고 있다.

태인데 특히 앞니 네 개 중 바깥쪽 두 개는 가운데 두 개보다 훨씬 크고 끝이 뭉툭하다. 또한 인간과 마찬가지로 위턱은 고정된 상태로 아래턱이 움직이는데 거의 180도 가까이 입을 벌릴 수 있어서 얼음을 윗니와 아랫니로 긁을 수 있다.[1]

혹독한 남극 바람 속에서 '서걱서걱' 얼음을 긁어낸 후 얼굴을 내밀어 숨을 쉬는 웨델물범을 본 적이 있다. 얼음 아래에서 조용히 생존해 나가는 모습에 나도 모르게 탄성이 새어 나왔다. 차갑고 단단한 얼음이 어떤 생명에게는 삶의 터전이자 도전의 무대가 된다는 게 놀라웠다.

얼음을 깨고 숨구멍을 만드는 능력 덕분에 웨델물범은 남극해 연안에서 일 년 내내 살아가는 유일한 해양 포유류가 됐다. 추운 겨울마다 남극을 떠나는 다른 종들과 달리, 이들은 얼음 아래에서 조용히 버티며 남극 바다의 풍요로움을 홀로 즐긴다.

남극은 분명 생명이 살아가기에 좋은 조건이 아니

지만, 웨델물범은 그 속에 머물며 환경을 활용하는 법을 체득했다. 얼음을 피하지 않고 얼음과 함께 살아가는 것, 그것이 웨델물범이 찾은 생존법이다.

남극 로스섬 인근 바다의 해빙을 깨고
웨델물범이 고개를 내밀고 있다.

ⓒU.S. Geological Survey

졸기

4초씩 1만 번, 하루에 열한 시간 자는 턱끈펭귄

"매일 밤 잠들 때 나는 죽는다.
그리고 다음 날 아침 깨어날 때
나는 다시 태어난다."

- 마하트마 간디

인간은 하루 평균 일고여덟 시간을 잔다. 그것도 밤에 몰아서 규칙적으로 깊은 수면을 취한다. 이 리듬이 무너지면 물질대사, 인지, 면역 기능이 모두 흔들린다. 이런 상황이 반복돼 만성 수면 장애로 번지면 심혈관 및 정신 건강에까지 경고등이 켜질 수 있으니 '겨우

잠 조금 못 자는 건데……' 하고 방치하면 위험하다.

'수면'이라는 행동은 해파리처럼 신경계가 단순한 동물부터 복잡한 인간에 이르기까지 거의 보편적으로 나타난다. 동물은 수면을 통해 뇌에 쌓인 노폐물을 제거하고, 기억을 저장하며, 면역계를 재가동해 하루를 살아가는 일을 반복적으로 해낸다.

그런데 남극을 비롯해 남반구 해안에 서식하는 조류인 펭귄에게서는 매우 독특한 수면 패턴이 발견된다. 남극의 하얀 눈밭 위나 해안가 근처 바위 위에서 펭귄을 관찰해 보면 이들은 특정 시간에 잠을 푹 자는 게 아니라 낮이나 밤이나 관계없이 눈을 '깜빡' 감았다가 1~2초 뒤에 다시 뜨는 형태의 짧은 '쪽잠'을 잔다는 걸 알 수 있다. 선 채로 부리를 날개에 파묻거나 바닥에 엎드려서 눈을 감았다, 떴다를 반복하며 자는 모습을 가만히 보고 있자면 '대체 펭귄은 언제 제대로 자는 걸까?'라는 질문이 절로 나온다.

이 수면의 비밀을 풀기 위한 첫 단서는 1980년대에 나왔다. 1986년 프랑스의 클로드 부셰Claude Buchet

연구팀은 남극 황제펭귄Emperor penguin 두 쌍의 뇌파 신호를 측정했다. 이들은 수초간 잠들었다 깼다 하는 '졸음drowsiness' 약 3.4시간, 4분 이상 지속되는 '서파수면slow wave sleep' 약 125회로, 하루 총 아홉 시간가량을 잤다. 이보다 3년 앞선 1983년 호주의 콜린 슈타헬 Colin Stahel 연구팀이 쇠푸른펭귄Little penguin 다섯 마리의 뇌파를 측정했을 때도 수면이 지속되는 시간은 평균 42초로 매우 파편화돼 있었다. 펭귄의 '쪽잠' 가설이 과학적으로 확인된 순간이었다.

이런 연구들은 분명 펭귄이 짧게 여러 번 쪼개서 잔다는 사실을 보여 줬지만 표본 수가 적고 사육 환경에서 얻은 수치라 실제 야생에서도 그럴지는 미지수였다. 그 뒤로 후속 연구가 진행되지 못한 탓에 1980년대 이후로는 펭귄의 수면 연구의 맥도 끊기고 말았다.

2014년 처음 남극에서 펭귄을 만났고, 약 3,000쌍의 턱끈펭귄Chinstrap penguin을 매일같이 지켜봤지만 이들은 눈만 깜빡거릴 뿐 푹 자는 모습은 보기 어려웠다. 특히 짝이 알을 품을 때는 일주일가량 육지에 올라

- 프랑스 뒤몽 뒤르빌 기지 인근에서 황제펭귄 한 마리가 게슴츠레 졸린 눈을 하고 있다.

- 작은 체구의 쇠푸른펭귄이 뉴질랜드 와이파티 강가에 엎드려 조는 듯 눈을 감고 있다.

오는 일 없이 먼 바다를 끊임없이 헤엄치며 먹이 사냥에만 몰두했다. 인간이라면 금세 피로해져서 탈진하고 말 스케줄이다. 이들의 수면 패턴이 궁금해졌다.

이에 관한 답을 찾기 위해 프랑스의 폴-앙투안 리부렐Paul-Antoine Libourel 박사와 함께 야생 환경의 턱끈펭귄에게 부착할 수 있는 25그램 초경량 수면 로거logger를 개발했다. 그리고 이를 통해 2019년 남극 세종 과학 기지 인근에서 턱끈펭귄 열네 마리의 수면 자료를 얻는 데 성공했다.

결과는 상상을 뛰어넘었다. 열흘 이상 관측된 이 자료에 따르면 턱끈펭귄의 평균 수면 지속 시간은 4초, 하루 수면 횟수는 1만 회 이상이었다. 합산하면 하루 평균 열한 시간을 자는 셈이다. 10초 이상 자는 경우는 극히 드물었다.

이렇게 짧은 잠을 생리학에서는 '미세수면micro-sleep'이라고 한다. 사람에 대입해 보면 피로가 누적됐을 때 나타나는 졸음운전이 여기에 해당한다. 기존 학자들은 미세수면을 수면이 부족할 때 나타나는 생리적 반응이며, 일상생활에서 몸을 다치거나 집중이 흐트러질 수 있을 뿐 별다른 기능은 하지 않는 것으로 여겨졌다. 하지만 이번 턱끈펭귄의 수면 연구를 통해 미세 수면만으로도 회복 기능이 분할식으로 충족될 수 있음이 입증됐다. '잠은 길게 푹 자야 한다'는 전통적 개념을 뒤집고, 야생 환경에서 초 단위의 단편화된 수면이 생리적 욕구를 충족시킬 수 있다는 사실을 동물계에서 처음으로 밝힌 것이었다.

또한 이들에게는 좌뇌와 우뇌 중 한쪽만 잠자는 '반구수면unihemispheric sleep'도 관찰됐다. 이는 물에서 생활하는 돌고래나 물개에게서 이미 보고된 패턴인데, 펭귄 또한 이를 통해 극한 환경에서 포식자를 향한 경계와 휴식을 동시에 달성하는 전략을 쓰고 있는 모양이다. 펭귄은 먼 바다에서 먹이 사냥 중에 이따금 물 위에 둥둥 떠 있는 상태로 수면을 취하기도 했다.

턱끈펭귄의 전반적인 수면 패턴은 매우 파편화된 쪽잠이지만 둥지 위치에 따라 수면의 품질에는 차이가 있다. 번식지에서 안쪽에 있는 개체들은 외곽에 있

턱끈펭귄의 등에 부착된 GPS와 수면 로거로
위치와 수면 패턴을 정밀하게 측정했다.

는 개체들에 비해 더 짧고 얕은 잠을 잤다. 아마도 과밀화된 집단 속에서 다른 녀석들이 지나갈 때마다 스트레스를 받아 수면에 방해를 받기 때문으로 보인다.

그동안 '길고 연속된 수면이 도움이 된다'는 통념 때문에 미세수면은 상대적으로 경시돼 왔다. 하지만 남극의 펭귄들은 짧은 수면만 취하면서도 번식을 하고 생리적 항상성을 유지한다. 이런 전략은 둥지를 보호하고 포식자를 감시하며 집단 소음에서도 생리적 기능을 잃지 않기 위한 진화의 결과물일 것이다.

펭귄의 쪽잠은 수면의 본질이 '얼마나 길게 자느냐'가 아니라 '필요한 회복을 위해 얼마나 효과적으로 자느냐'에 달려 있음을 보여주는 산 증거다. 남극에서 펭귄이 반복적인 짧은 수면만으로도 뇌의 노폐물을 씻어 내고, 시냅스를 재정비하며, 에너지 대사의 항상성을 유지할 수 있다면 지구상에 또 다른 동물들도 이미 유사한 전략을 진화시켜 왔을지 모를 일이다.

이런 수면을 사람에 응용할 수 있다면 어떨까. 고

턱끈펭귄이 쪽잠을 자며 새끼 펭귄들을 돌보고 있다.
턱끈펭귄에게 쪽잠은 춥고 혹독한 환경에서
자신과 새끼를 지키는 나름의 방법이다.

립된 지역에서 장시간 경계 업무를 하는 우주비행사나 군인의 수면 설계에 생물학적 힌트를 줄 수도 있지 않을까.

눈을 꼭 감고 곤히 잠이 든 것처럼 보여도
턱끈펭귄의 1회 수면 지속 시간은
대체로 10초를 넘기지 않는다.

03

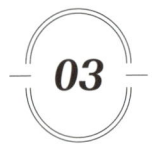

높이 날기

산소 없는 8,000미터 상공의 여행자, 줄기러기

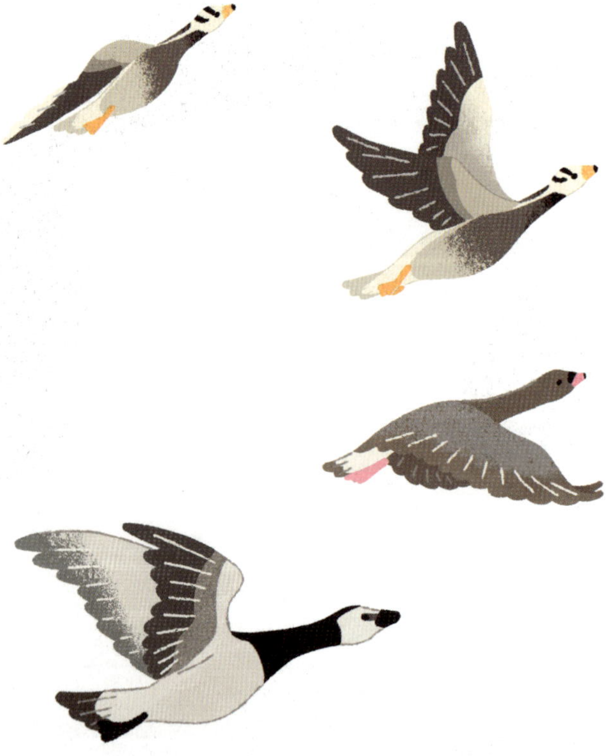

"우리가 정복하는 것은
산이 아니라
우리 자신이다."

- 에드먼드 힐러리

"영국의 탐험가 조지 로우George Lowe는 해발 2만 3,000피트(약 7,000미터) 이상의 고도에서 누구보다 오랜 시간을 보낸 인물이다. 그는 에베레스트 산비탈에서 줄기러기Bar-headed goose 떼가 편대 비행을 하며 산 정상 바로 위를 지나가는 장면을 목격했다고 내게 이야

기해 준 적이 있다. 나 역시 4월의 어느 날 밤, 해발 1만 5,000피트(약 4,600미터)에 위치한 바룬 빙하 캠프에서 줄기러기들의 울음소리를 들은 적이 있다. 그들은 별빛이 쏟아지는 마칼루산 상공 수마일 위, 보이지 않는 하늘 길을 따라 티베트의 호수를 향해 날아가고 있었다."✳

1961년, 히말라야 고산 지대의 생태를 연구하던 과학자 로런스 스완Lawrence Swan은 줄기러기에 관해 이와 같은 관찰 기록을 남겼다. 별빛이 보이는 밤하늘을 날아가는 줄기러기 무리의 광경은 형언할 수 없을 만큼 아름다웠을 것이다. 하지만 인간의 이런 감상과는

✳ 학술지에 수록된 영어 원문은 다음과 같다. "The British explorer George Lowe, who has spent as much time as anyone at mountain altitudes above 23,000 feet, has told me of watching from the slopes of Everest while a flock of bar-headed geese (Eulabeia indica) flew in eche lon directly over the summit. On an April night from a camp at 15,000 feet on Barun Glacier, I myself have heard the distant honking of these birds f lying miles above me unseen against the stars over Makalu, on their way to the lakes of Tibet."[Swan, L. W. (1961). "The ecology of the high Himalayas". Scientific American, 205(4), 68-79]

별개로 줄기러기는 어쩌면 생사를 넘나드는 극한을 견디며 죽을힘을 다해 날고 있었을지도 모른다.

조지 로우가 줄기러기를 관찰했다고 증언한 에베레스트산은 해발 8,800미터가 넘는다. 해발 8,000미터 고도에선 산소 농도가 지상 대비 35퍼센트 미만으로 떨어진다. 인간은 통상 해발 2,400미터 이상의 높은 산에 오르면 저산소혈증에 의해 고산병이 나타나기 시작하고, 약 7,000미터 정도가 스스로 호흡할 수 있는 한계 지점이다. 인간은 숨도 쉬기 힘든 높이에서 줄기러기는 어떻게 날갯짓까지 해 가며 산을 넘을 수 있을까?

비교적 최근까지도 줄기러기의 비행경로는 밝혀진 게 없었다. 인간의 눈으로 보거나 귀로 들은 소리를 통해 줄기러기의 비행 고도를 어림잡아 추산할 뿐이었다. 그런데 지난 2000년 인도 연구팀이 줄기러기 두 마리를 포획해 위성 송신기를 부착하는 데 성공했다.[2] 2000년 3월 23일, 인도 북부 바라트푸르에서 출발한 줄기러기가 갠지스 강둑에서 잠시 휴식을 취한 뒤 시속 29킬로미터 이상의 속도로 히말라야 평균 고도

줄기러기는 중앙아시아 호수 인근에 모여서 번식을 하며,
번식을 마치면 히말라야를 가로지르는 고도 비행을 하여
남아시아로 이동해 겨울을 난다.

6,000~8,000미터의 험준한 산맥을 통과했다. 그리고 직선에 가까운 경로로 504킬로미터를 이동해 24시간도 채 지나지 않아 티베트 고원에 도착했다. 비록 표본 수는 적지만 그동안 입으로만 전해 오던 줄기러기의 히말라야 종단의 비밀이 비로소 밝혀진 순간이었다. 이후 GPS를 활용한 추적 연구와 더불어 생리적인 적응 과정을 탐구하기 위한 다양한 시도가 이어졌다.*

줄기러기의 생리적 특징을 밝히기 위한 첫 단계는 근연종과의 비교 작업이다. 회색기러기Greylag goose는 줄기러기와 분류학적으로 같은 속에 속하는 근연종이며 서식지도 가깝다. 하지만 이들은 주로 저지대에서만 살고, 높은 고도에선 거의 발견되지 않는다. 따라서 회색기러기와 줄기러기를 비교하면 줄기러기가 고지대에 적응할 수 있었던 비결을 알 수 있다.

---

* 줄기러기가 조류 인플루엔자 확산에 관련된 것으로 알려지면서 한국에서도 국립야생동물질병관리원의 주도로 지난 2019년 몽골 중부에서 서식하는 줄기러기 열아홉 개체에 추적기를 부착해 계절별 이동 경로와 조류의 질병 전파 가능성을 연구 중이다.

©Manoj Kunnambath

인도 타밀나두에 위치한 조류보호구역 쿤탄쿨람에서
줄기러기 두 마리가 힘차게 날갯짓을 하며
상공을 비행하고 있다.

유전적으로 비교해 보면 줄기러기는 헤모글로빈 유전자에 돌연변이가 있어 산소에 대한 결합력이 매우 높다.[3] 따라서 산소 분압이 낮은 고지대에서도 고산병에 걸리지 않고 혈액 내에 산소를 운반할 수 있는 능력을 갖췄다. 뿐만 아니라 고강도 비행을 견딜 수 있도록 근육이 발달했으며, 근육 섬유의 모세혈관 밀도가 높고 구조가 균일해 체내에서 산소가 더 잘 확산된다. 또한 세포 내 에너지 생성을 담당하는 미토콘드리아가 모세혈관 근처에 재배치돼 있어서 산소를 보다 효율적으로 사용할 수 있다. 이런 생리적인 특징을 종합해 보면 줄기러기는 혈액, 혈관, 세포, 근육 자체가 남다르게 진화돼 산소의 이용을 극대화하는 방향으로 적응했다. 그래서 히말라야를 넘는 고도 비행 중 극심한 저산소 환경에 노출되더라도 이를 버티고 비행을 할 수 있었던 것이다.

줄기러기는 숨 쉬는 방법도 독특하다. 산소가 부족해지면 호흡 횟수를 늘리기보단, 한 번에 들이마시는 공기의 양을 늘려 매우 깊게 숨을 쉰다. 이렇게 하

- 줄기러기 몸은 전체적으로 옅은 회색을 띠며, 흰색 머리에 두 줄의 검은 줄무늬가 있어 같은 속에 속하는 회색기러기(아래)와 쉽게 구별된다.

- 회색 몸통에 주황색 부리를 가진 회색기러기는 집오리의 조상으로, 14세기 무렵부터 가축화한 것으로 알려져 있다.

- 분홍발기러기는 그린란드 동부, 아이슬란드, 노르웨이 북부에서 번식하고 영국과 서유럽 해안에서 겨울을 보내는 철새로, 이름처럼 분홍색 발과 다리가 특징이다.

- 흰뺨기러기는 그린란드 동부, 노르웨이 북부, 러시아 북극해 인근에서 번식하는 철새로, 분홍발기러기와 마찬가지로 영국과 서유럽 해안에서 겨울을 보낸다.

면 얕은 호흡을 여러 번 하는 것보다 호흡의 깊이가 증가돼 실질적으로 산소 흡수를 극대화시킬 수 있다.[4] 게다가 저지대에 사는 분홍발기러기Pink-footed goose, 흰뺨기러기Barnacle goose와 비교하면 폐의 무게가 약 25퍼센트가량 무거워서 가스 교환을 통해 산소를 흡수할 수 있는 면적이 상대적으로 넓다.[5] 이처럼 특화된 호흡계는 몸속으로 산소를 끌어들이기 위한 생리적인 뒷받침이 된다.

줄기러기는 비행 능력도 일품이다. 심박수·고도·체온·가속도를 측정할 수 있는 바이오로거biologger를 부착해 정밀한 자료를 수집한 결과, 이들은 높은 고도를 계속 유지하는 게 아니라 지형을 따라 상승과 하강을 반복하면서 에너지를 절감했다.[6] 실제 비행의 90퍼센트는 해발 5,000미터 이하에서 이뤄졌고, 8,000미터 이상의 높은 고도에서의 비행은 매우 드물게 나타났다. 또한 지면을 따라 비행하다가 상승 기류를 활용해 고도를 높이는 전략을 이용해 힘을 아꼈다.

극한에 가까운 줄기러기의 상승 비행은 유전학·

생리학·행동학이 결합된 진화적 적응의 결과물이다. 이들은 유전자 수준에서 남들과는 차별화된 특이적 유전자를 발현해 산소 결합력을 높였고, 산소 이용에 특화된 호흡계와 심혈관계의 구조 덕에 높은 고도에서 장시간 비행을 하면서도 지치지 않을 수 있었다. 타고난 신체 능력에 가미된 뛰어난 비행 기술은 이들이 에너지를 효율적으로 쓸 수 있도록 특별함을 더했다.

오랜 세월에 걸쳐 얻은 진화 덕에 줄기러기는 다른 어떤 동물도 생존하기 어려운 고도를 날아오르게 됐다. 그 비행은 단순히 히말라야산맥 하나를 넘은 것에 그치지 않는다. 줄기러기의 조상들이 죽음을 무릅쓰고 하늘을 나는 일을 반복해 얻어진 자연 선택의 결과물이며, 그들의 날갯짓 하나에는 수백만 년의 진화 역사가 녹아 있다.

줄기러기가 회백색 날개를 활짝 펴고 바람에 몸을 맡긴 채 구름 한 점 없이 푸른 하늘을 날고 있다.

04

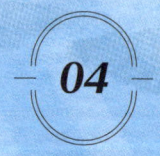

침잠하기

깊은 심해의 생활을 즐기는 남방코끼리물범

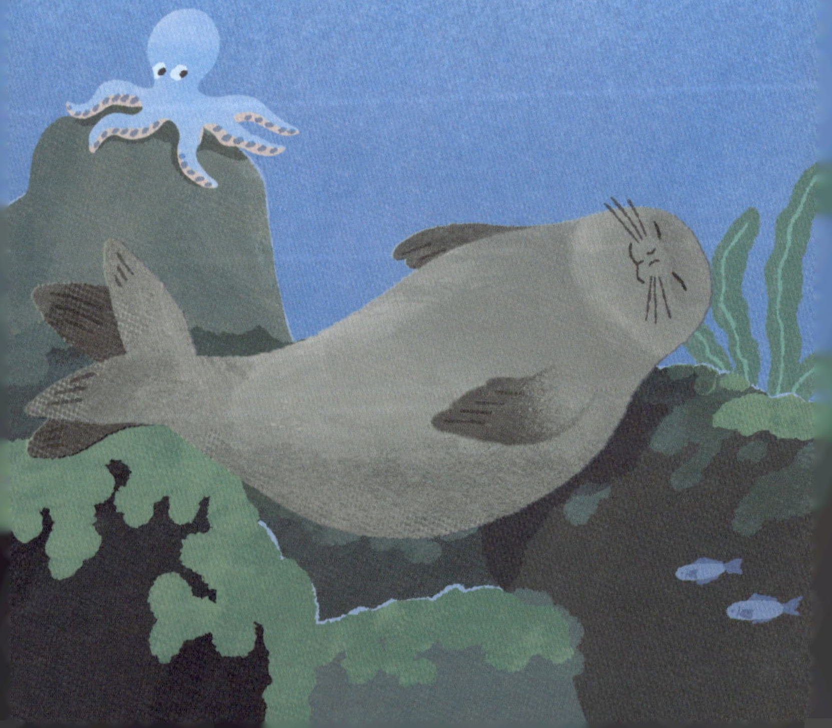

> "바닷속은 고요하지만 표면엔 파도가 친다.
> 인생의 깊은 곳으로 잠수할 수 있다면
> 행복해질 수 있다."
>
> - 아가피 스터시노풀로스

초등학생 때 친구들과 물놀이를 하다가 물에 빠진 적이 있다. 수심이 그리 깊은 곳도 아니었는데 그만 발을 헛디뎌 내 키보다 깊은 곳에 빠졌고, 죽기 살기로 허우적거리다가 물을 잔뜩 마시고는 간신히 빠져나왔다. 그 후로 한동안 물가엔 얼씬도 하지 못했다. 행여

나 입이나 코에 물이 들어가면 그날의 공포감이 떠올랐고 숨이 가빠졌다. 그러다 보니 자유롭게 물속을 헤엄치는 동물들을 볼 때면 무척이나 대단해 보였고, 물에 들어가지 못하는 인간으로서 육체적 한계를 느꼈다.

실제로 인간의 몸은 물속 생활에 적합하지 않다. 아가미가 있는 어류와 달리 인간은 폐로 호흡하기 때문에 물속에서 오래 버티기 어려운 까닭이다. 뿐만 아니라 물속 깊이 들어가면 높은 수압을 견디지 못해 폐를 비롯한 장기 조직이 압축돼 손상을 입으며, 고압 상태에서는 산소와 질소가 혈액에 더 많이 녹아들면서 질소 마취 및 산소 중독 증상이 나타난다. 그래서 잠수를 직업으로 삼는 제주 해녀들도 보통 1분 정도 잠수하며 10~20미터 이내 얕은 수심에 머물 뿐이다.[7] 훈련된 다이버는 더 깊이, 오래 잠수를 하기도 하지만 몇 분을 더 버티는 정도에 불과하고, 100미터 이상으로 깊이 들어가려면 치밀한 감압 계획을 세워야 한다.*

그런데 인간처럼 폐로 호흡하는 포유류임에도 불

구하고 깊이, 오래 잠수할 수 있는 동물이 있다. 물범이다. 물범은 인간과는 비교도 되지 않을 만큼 놀라운 잠수 능력을 지녔다. 특히 남방코끼리물범의 평균 잠수 시간은 28.4분, 평균 잠수 깊이는 443.8미터에 달하며[8], 무게가 3톤 가까이 나가는 무거운 수컷은 최대 120분간 숨을 참고, 2,388미터까지 잠수한 기록이 있다.[9][10] 군사용 잠수함의 잠항 깊이가 최대 830미터[11]임을 감안하면 그야말로 놀라운 수치다. 코끼리물범은 어떻게 이렇게 깊이, 오래 잠수할 수 있는 걸까?

코끼리물범 역시 심해를 헤엄쳐 들어갈 때 엄청난 압력에 노출된다. 하지만 수압으로 인해 폐가 압축되는 걸 방지하는 자신만의 특별한 방법이 있다. 우선 이들은 흉곽이 매우 유연하다. 그래서 압력이 높아져도 흉강이 손상되지 않고 유연하게 대응할 수 있다. 또한 수압에 따라 폐와 기관trachea의 공기 이동을 조절할

✹ 가장 오래, 깊이 잠수한 기록을 가진 이탈리아 지안루카 제노니Gianluca Genoni의 최장 잠수 시간은 7분 48초, 최대 잠수 깊이는 138미터다(https://news.kbs.co.kr/news/pc/view/view.do?ncd=216815).

프랑스령의 남인도양 암스테르담섬 부근 바다에서 남방코끼리물범이 얼굴을 내밀고 있다.

수 있어서, 압력이 높아지면 의도적으로 폐의 공기 공간을 줄이고 기관으로 공기를 이동시킨다.[12] 이를 학술 용어로 '폐허탈lung collapse'이라고 하는데, 이는 폐가 붕괴돼 없어진다는 뜻이 아니라 폐의 부피를 줄여 폐가 손상되는 것을 막는 생리적 적응 현상을 말한다. 폐에 있던 공기가 기관으로 옮아가면 폐가 아주 작아져서 압력이 높아져도 파열되지 않고 버틸 수 있다. 또한 공기가 혈액과 접촉하며 생기는 기체 교환 현상도 방지할 수 있다. 이렇게 되면 강한 압력에 노출됐을 때 공기에 있던 질소나 산소가 혈액으로 확산돼 벌어지는 잠수병도 막을 수 있다. 코끼리물범은 이러한 과정을 압력 변화에 따라 생리적으로 유연하게 조절하기 때문에 심해 잠수를 마친 물범이 수면 가까이 떠올라 압력이 낮아지면 기관의 공기가 다시 폐로 돌아와 본래 부피로 복원된다.

심해로 들어가기 위해서는 압력을 견디는 것도 중요하지만 무엇보다 숨을 오래 참은 채 제한된 산소를 효율적으로 써야 한다. 폐 붕괴로 인해 산소 공급이 멈춘 상태로 심해에서 몸을 움직여야 하는 코끼리물범은 잠수 중 심박수를 분당 4~6회까지 극단적으로 낮춰 산소 소비를 줄인다.[13] 그리고 몸의 전체적인 대사율도 낮춰 산소 소모를 줄임으로써 절전 모드로 전환, 에너지 사용을 최소화한다.[14] 뿐만 아니라 생존에 필수적인 뇌와 심장에만 집중적으로 산소를 공급하고 나머지 기관으로 가는 혈류는 제한하는 등 혈류를 선택적으로 공급하며 오랜 기간 물속에서 버틴다.[15]

남방코끼리물범은 근육 속에 산소를 저장하는 능력도 탁월하다.[16] 코끼리물범의 근육 세포 속에는 산소를 저장하는 미오글로빈이 매우 높은 농도로 분포해 있어 필요할 때 즉시 산소를 공급할 수 있다. 또한 타 분류군과 비교해 체중 대비 혈액량이 많고, 헤모글로빈 함량도 뛰어나 잠수하는 동안에도 세포 호흡이 필요한 곳에 산소를 신속하게 운반한다.[17]

코끼리물범은 단지 깊게만 들어가는 게 아니라 멀리, 오래 헤엄친다. 매년 9월부터 이듬해 2월까지 약 6개월의 번식기가 끝나면 나머지 6개월은 바다에서 수천 킬로미터를 이동하는데 이 기간엔 뭍으로 거의 올라오지 않은 채 이동하거나 먹이를 먹는 대부분의 시간을 물에서 보낸다.[18] 아남극권subantarctic 케르겔렌제도에서 번식하는 남방코끼리물범 암컷은 번식기가 끝나면 남극해까지 평균 2,789킬로미터를 헤엄치고, 다시 번식기가 되면 원 서식지까지 망망대해를 끊임없이 헤엄쳐 돌아가는 평균 190일간의 긴 여행을 하며 먹이를 섭취한다.[19]

다른 누구보다 깊이 헤엄치며 물속을 누빌 수 있다면 남들이 찾지 못하는 먹이를 잡을 수 있는 이점이 있을 것이다. 하지만 어두운 물속에서 어떻게 먹이를 찾을 수 있을까? 태양 빛은 바다 깊은 곳까지는 도달할 수 없어서 수심 200미터가량만 돼도 아무것도 보이지 않을 정도로 캄캄하다. 수중 음파를 이용해 반사되는 파장으로 먹이를 찾는 고래도 있지만 물범은 그런 능력이 없다. 대신 코끼리물범은 마치 쥐나 고양이가 콧수염을 이용해 어둠 속에서 먹이의 움직임을 감지하듯 입 주변에 난 수염을 사용해 물고기나 오징어를 잡는

©Christopher Jones

극지 물범이 서식하는 바다 밑 해저면 풍경.
빛이 닿지 않아 칠흑같이 어둡지만
이곳에도 다양한 해양 생물이 서식한다.

다.[20] 2022년 일본과 미국 연구진이 코끼리물범 뺨에 적외선 LED 조명이 포함된 소형 비디오카메라를 부착해 물속에서 수염의 움직임을 촬영했는데, 깊은 물속에서 먹이가 다가올 때면 어김없이 수염이 움직였고 이내 입을 벌려 사냥감을 삼키는 모습이 확인됐다. 코끼리물범은 포유류 가운데 수염 하나당 신경 섬유 수가 가장 많아서 물속 움직임을 예민하게 감지할 수 있기 때문에, 물고기가 아가미 호흡을 할 때 발생되는 물의 작은 흐름 변화까지 알아차릴 수 있다.

극지에서 펭귄과 물범을 관찰하기 시작한 10여 년 전부터 나도 물속에 들어가 보고 싶다는 생각을 했다. 해양 동물의 눈으로 보는 물속 세상은 어떤 모습일지 궁금했다. 어린 시절 기억 때문에 물은 여전히 무서웠지만 스쿠버 장비의 도움을 받아 조금씩 두려움을 극복했다. 물범 덕분에 수심 20미터 이상 잠수할 수 있는 자격증도 생겼고, 필리핀과 멕시코 바다에서 거북과 고래상어와 나란히 헤엄치는 경험도 했다. 물속의 다채롭고 수많은 생명체들을 직접 보고 나자 물범이 왜 그토록 깊이 잠수하게 됐는지 고개가 끄덕여졌다.

이들은 누구나 쉽게 들어가지 못하는 깊이까지 도달해 먹잇감을 찾고자 했고, 그들만의 방식으로 생리적 한계를 극복하며 잠수 능력을 진화시켰다. 그런 노력 덕에 효율적으로 몸을 조절하며 능숙하게 해저를 탐험할 수 있게 되면서 아무도 넘보지 못하는 심해 사냥감들을 능수능란하게 잡을 수 있는 특별한 전략을 갖출 수 있었다.

한계를 넘어 깊이 잠수하지 않았으면 누릴 수 없었을 행복이다.

남방코끼리물범 두 마리가 육지로 올라와
여유롭게 시간을 보내고 있다.

05

인내하기

진흙 속에도 뿌리를 내리는 맹그로브

> "가장 강력한 두 명의 전사는
> 인내와 시간이다."
>
> - 레프 톨스토이

바닷물 1킬로그램에는 염화나트륨을 비롯해 황산염·마그네슘이온·칼슘이온 등의 염분이 약 35그램 녹아 있다. 염분이 많으면 삼투압으로 인해 세포 안의 물이 밖으로 빠져나가기 때문에 대부분의 나무는 바닷물이 드나드는 곳에서는 살 수 없다. 게다가 해안의 진흙이나 갯벌은 산소가 거의 없는 환경이어서 뿌리가 호흡하기 어렵다. 또한 밀물과 썰물이 반복되는 불안정한 바닥에서는 뿌리를 뻗어 몸을 지탱하기조차 힘들다. 바다와 육지가 만나는 지점은 수시로 환경이 바뀌기 때문에 생명체에게 모질고 가혹하다. 그러나 맹그로브Mangrove는 그런 혹독한 환경에서도 숲을 이루며 살아간다.

맹그로브는 열대와 아열대의 육지와 바다가 만나는 경계 지역에서 자라며 약 70종이 있다.[21] 높은 염분, 조수 간만, 무산소의 진흙, 예측 불가능한 파도 속에서도 이 나무들은 숲을 이룬다. 식물계 전체를 통틀어도 이런 고도의 형태적·생리적 적응은 맹그로브를 제외하면 유례를 찾기 어렵다.[22] 그들의 조상은 약 7,000~8,000만 년 전인 백악기 말에 등장해, 대륙이 이동하고 해류가 바뀌는 동안에도 사라지지 않고 남았으며[23], 오늘날 123개국의 해안과 하구에서 그 모습을 볼 수 있다.[24]

맹그로브가 사는 조간대는 단순히 염분이 높은

게 아니다. 계절에 따라, 조수의 흐름에 따라 염분이 급격히 변하는 예측 불가능한 실험장이다. 때로는 서식지 토양 염도가 90퍼밀(‰, 1,000분의 1)에 달하는 초고염 상태가 되기도 하지만, 맹그로브는 그 속에서도 꿋꿋하게 살아간다.[25] 그 비결은 다양하다.

일부 종은 뿌리에서 소금을 걸러 내고 담수만 흡수하는 필터링을 하고, 다른 종은 잎의 염분샘을 통해 소금을 배출한다. 또한 염분을 세포 내 소기관인 액포vacuole에 격리, 저장하거나 삼투 조절 물질을 축적해 수분 손실을 방지하기도 한다.[26] 그 결과, 맹그로브는 바닷물 속에서도 삼투압을 이겨 내고 '마르지 않는 나무'가 됐다.

또한 맹그로브는 연약한 진흙 바닥에서도 쓰러지지 않고 버틴다. 불안정한 토양에서 물리적 안정성을 확보하기 위해 다양한 특수 뿌리를 뻗는데, 줄기에서만 뿌리를 내리는 게 아니라 나무 옆으로 난 가지 곳곳에서도 뿌리를 내려서 지팡이처럼 여러 지지대를 이룬다. 이를 '지주뿌리stilt root'라고 한다. 지주뿌리는 식물

카리브해에 위치한 프랑스 과들루프의 생루이에서 붉은맹그로브가 숲을 이루고 있다.

전체를 단단히 고정할 뿐만 아니라 물에 떠다니는 유기물을 잡아 나무 아래에 토양을 쌓아 올릴 구조적인 역할도 겸한다. 뿐만 아니라 줄기 하단부에서 뿌리가 지표면과 나란히 수평으로 퍼져 표층의 영양분을 흡수하는 '버팀뿌리buttress root'는 불안정한 해안 진흙에서 나무를 떠받친다.[27][28] 이처럼 지상으로 드러난 확산형 뿌리 체계 덕분에 맹그로브는 조수와 파도, 폭풍 속에서도 쓰러지지 않는다.

하지만 이렇게 애써 뿌리내린 진흙 속 상황도 녹록지는 않다. 진흙은 무산소 환경이기 때문이다. 그렇다고 여기에 질 맹그로브가 아니다. 맹그로브는 무산소 환경에서도 숨을 쉰다. 뿌리 내부에는 공기를 저장하는 통기조직aerenchyma이 있어서 대기 중 산소를 흡수해 저장하고, 그 산소가 빠져나가지 않도록 외피에 '산소 손실 차단층'을 발달시켰다. 이 정교한 구조 덕분에 바닷물 속, 진흙 속에서도 지상의 식물처럼 호흡할 수 있다.[29]

바다와 강이 만나는 곳에 뿌리내린 맹그로브 숲

브라질 바이아주 프라도에 서식 중인
붉은맹그로브가 여러 갈래로 뿌리를 뻗고 있다.
이 복잡한 뿌리들은 맹그로브를 버티게 하는
가장 강력한 힘이다.

은 단순히 나무의 집합이 아니다. 그곳은 영양염이 순환하고 수많은 생물이 살아가는 복잡한 생태계다. 육상과 해양을 잇는 연결 고리로서 맹그로브 숲은 어류 산란장, 조류 및 포유류 서식지 역할을 한다.[30] 유엔환경계획UNEP은 맹그로브와 관계를 맺고 사는 생물을 1,533종으로 추정한다.[31] 게, 새우, 물고기, 조개, 곤충, 그리고 인간까지 모두가 이 숲의 그늘 아래에 엮여 있다.

그런데 지금 이 숲이 위태롭다. 맹그로브 서식지는 인간이 사는 곳과도 겹치는 경우가 많아 하수처리장, 산업 폐수 배출지, 양식장으로 이용됐고, 중금속과 석유 등이 쌓이면서 숲이 오염됐다. 또한 근대 이후 지속적인 간척 사업, 양식장 개발 등으로 인해 매년 약 100만 헥타르에 달하는 숲이 사라지고 있다.[32] 세계에서 가장 큰 맹그로브 숲이 있는 인도와 방글라데시 순다르반스 지역엔 멸종 위기종 갠지스강돌고래를 비롯해 벵골호랑이가 살고 있지만, 현재 산림 벌채와 댐 건설 등으로 인해 환경이 급속도로 변하고 있다. UNEP

- 인도네시아 북칼리만탄의 타라칸에 있는 맹그로브 및 코주부원숭이 보호구역에서 코주부원숭이들이 새끼와 함께 먹이를 찾고 있다.

- 인도 서벵골의 순다르반스 호랑이보호구역에서 벵골호랑이가 강가에 서서 주변을 살피고 있다.

에 따르면 맹그로브 숲에 살아가는 생물 중 15퍼센트가 멸종 위기에 처해 있으며, 그 위험성은 점점 높아지고 있다.[33]

수천만 년 전 바다의 가장자리에서 소금, 진흙, 바람, 조수 속에서도 살아남은 나무가 있다. 그 나무는 모두가 꺼리는 곳에서 길을 찾았고, 그 결과 지구상의 많은 생물들과 공생하며 새로운 생태계를 만들었다. 그렇게 극한의 바다와도 맞서 살아남은 나무가 불과 수백 년 사이 인간의 손에 사라지고 있다. 그들의 뿌리가 지탱하는 터전엔 물고기·게·새·돌고래·호랑이가 함께 살아간다. 맹그로브를 지킨다는 건 단지 한 식물 군락을 보존하는 게 아니다. 바다와 육지, 과거와 미래를 잇는 생명의 역사와 균형을 존중하는 일이다. 소금과 바람 속에서도 끝내 사라지지 않은 초록의 뿌리, 그 생명 안에는 우리가 보호해야 할 지구가 담겨 있다.

배를 타고 순다르반스의 울창한 맹그로브 숲 사이를 지나면 야생의 생명력이 고스란히 느껴진다.

06

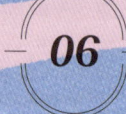

모이기

평균 기온 영하 40도 추위를 함께 모여 견디는 황제펭귄

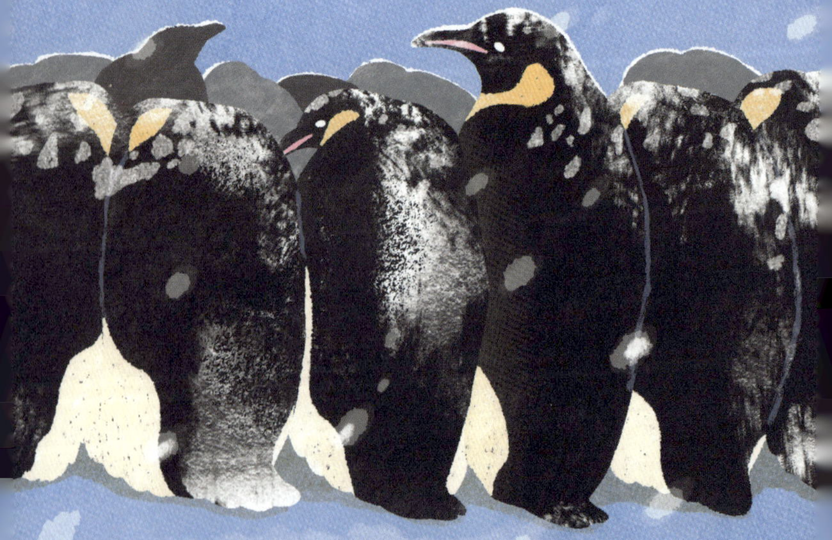

"혼자서 할 수 있는 일은 아주 적지만
함께라면 아주 많은 걸 할 수 있다."

- 헬렌 켈러

보통 몸집이 커다란 동물의 이름엔 '큰'을 붙이거나 한자로 '대大' 또는 '왕王'을 붙여서 이름을 짓는 경우가 많다. 큰말똥가리, 대백로, 대왕오징어, 왕도마뱀 등이 대표적인 예다. 그런데 동물명에 '황제皇帝, emperor'가 붙은 건 황제펭귄을 비롯해서 몇 되지 않는다. 이름처럼 황제펭귄은 펭귄류 가운데 가장 몸집이 크며, 생태적 특성도 다른 종들과 뚜렷하게 구별된다.

2018년 12월 남극 케이프워싱턴에서 황제펭귄을 실제로 처음 마주한 순간을 잊지 못한다. 약 5만 쌍에 달하는 황제펭귄들이 떼를 지어 있었는데, 몸무게 30킬로그램에 키가 120센티미터에 달할 정도로 덩치가 컸고 위엄이 느껴질 정도로 천천히 눈 위를 걷는 모습은 품격 있었다. '과연 황제라고 부를 만하구나' 하며 고개를 끄덕였다.

황제펭귄은 이름만 특이한 게 아니라 새끼를 키우는 방식도 남다르다. 해가 뜨지 않는 극야 기간에 번식하는 유일한 종인 이들은, 다른 동물들이 평균 기온 영하 40도에 달하는 추위를 피해 멀리 떠나거나 바닷속에서 지내는 동안, 홀로 아무도 없는 바다 얼음 위에 올라와 캄캄한 어둠을 뚫고 번식지로 향한다. 수컷과 암컷은 약 45일간 바다 얼음 위에서 아무것도 먹지 않고 서로를 확인하고 짝을 짓는다. 그렇게 짝짓기가 끝나면 암컷이 수컷의 발등에 알을 낳은 뒤 먹이를 찾아

황제펭귄들은 바다 얼음 위에 모여서 떼지어 번식을 한다.

©Denis Luyten

황제펭귄 가족이 함께 있는 모습이 더할 나위 없이 다정해 보인다.

바다로 떠나고, 수컷은 홀로 남아 약 70일을 더 굶으며 알을 품는다.[34] 그리고 알에서 새끼가 깨어날 때가 되면 암컷은 다시 번식지로 돌아와 자기 짝을 찾는다.

한 곳에 모여서 번식을 하는데 어떻게 짝을 알아보고 찾는 걸까? 프랑스의 피에르 유벤탱Pierre Juventin 박사는 황제펭귄 부부의 목소리를 녹음했다가 다시 틀어 주는 실험playback을 통해 부부가 짝의 소리에 반응한다는 걸 알아냈다.[35] 수만 쌍의 펭귄이 모여 있는 캄캄한 어둠 속에서도 목소리로 서로를 부르는 것이다.

알을 품는 포란기를 포함해 남극의 겨울 동안 황제펭귄 수컷은 차가운 남극의 바람을 서로 몸을 기대고 체온을 나누는 '허들링huddling'을 하며 버틴다. 보통 사람들에게 펭귄 얘기를 하면 흔히 떠올리는 장면이지만, 실제로 허들링은 추운 겨울에만 볼 수 있다. 10년째 남극을 오가며 가장 아쉬운 점 중 하나는 허들링을 한 번도 보지 못한 것이다. 내가 주로 방문하는 12월부터 이듬해 2월은 남극에서는 여름에 해당해 연중 가장 따뜻한 시기이며, 이즈음에 이미 새끼들은 슬슬 독립을 준비할 정도로 꽤 커 있다.

펭귄은 다른 조류와 마찬가지로 항온동물이라 생존을 위해서는 체온을 일정하게 유지해야 하며, 번식기엔 발등에 큼지막한 알을 품은 채 온도가 35도 이하로 내려가지 않도록 지켜야 한다.[36] 따라서 추위를 버티기 위한 특별 전략이 필요하다.

추위를 피하는 최선의 방법은 몸에서 열이 빠져나가지 않도록 하는 것이다. 물리학적으로 열에너지는 높은 곳에서 낮은 곳으로 전달된다. 추운 곳에서 사는 펭귄이 열이 빠져나가는 걸 줄이려면 따뜻한 곳 근처로 모여야 한다. 추운 겨울, 난로를 피우고 곁에서 몸을 녹이는 장면을 상상해 보라. 남극에 사는 펭귄이 주변에서 찾을 수 있는 가장 따뜻한 열원은 바로 친구들이다. 동료들 옆에 단지 모여 있기만 해도 뜨끈한 난로를 끼고 있는 것과 같은 효과를 낸다. 황제펭귄은 혼자 있을 때보다 다섯에서 열 마리가 무리지어 있으면 대사율을 39퍼센트가량 줄일 수 있다.[37] 게다가 친구가 옆에 있으면 바람을 막아 주는 효과도 생긴다. 빙

새끼 펭귄들이 모여 있으면 부모는
바다에 다녀와서 자기 새끼를 부른 뒤
먹이를 토해서 먹여 준다.

제법 성장한 새끼 펭귄들이 서로 모여 온기를 나누고 있다.
©Denis Luyten

하를 따라 불어오는 활강풍은 체온을 떨어뜨리는 주된 요인이기 때문에 덩치와 키가 비슷한 동료들끼리 붙어 있으면 체감온도를 높일 수 있다.

게다가 허들링은 단순히 모여 있는 게 아니다. 개체들이 연속적으로 이동하면서 구심점을 향해 파고들며 원을 만들이 순환하는 구조다. 따라서 친구들끼리 그냥 모여 있을 때보다 효율적으로 공기와 닿는 넓이을 줄일 수 있다. 공기와 맞닿는 면이 넓을수록 빠져나가는 에너지가 많아지기 때문에 남극 펭귄은 몸집을 키우고 단면적이 낮은 둥글둥글한 체형을 갖도록 진화했다. 몸집에 비해 공기와 닿는 면적이 줄어들면 물질대사로 인해 발생하는 열을 줄일 수 있기 때문이다. 하지만 여전히 공기와의 접촉은 피할 수 없다. 따라서 수컷 황제펭귄은 번식 기간의 3분의 1 이상 동안 허들링을 하며 공기에 노출되는 면적을 최소화한다.[38] 추운 곳에 사는 다른 동물들에게서도 펭귄과 같이 허들링을 하는 행동이 관찰되는데, 소형 포유류인 짧은꼬리들쥐 Short-tailed field voles 역시 허들링을 함으로써 주변 온도

를 약 5도가량 높이고 열에너지 소모를 약 55퍼센트 줄인다.[39]

황제펭귄이 열 손실을 줄이기 위해 고안해 낸 또 다른 전략은 바로 체온 자체를 조금 낮추는 것이다. 인간의 체온이 36.5도로 유지되는 것과 비교해 물질대사율이 상대적으로 높은 조류는 체온을 약 38도 정도로 유지한다. 황제펭귄의 평소 체온은 38.4도인데 겨울철 번식기엔 이보다 1.7도나 낮은 36.7도가 된다.[40] 몸에 큰 이상이 없는 선에서 체온을 약간 낮추면 물질대사를 통한 열에너지 생산을 그만큼 줄일 수 있다. 짝짓기와 포란기 통틀어 약 네 달 가까이 단식하면서 몸 안에 축적된 지방을 태우며 견디는 수컷 황제펭귄에겐 꽤나 유용한 전략이다.

남극에서 야외조사를 하는 게 직업이라고 말하면 어떤 사람들은 웃으며 이렇게 얘기한다.

"이제 적응되셔서 추운 건 아무렇지도 않으시겠

- 남극 황제펭귄 번식지는 늘 눈과 얼음으로 덮여 있다. 새끼들은 한데 모여 추위를 피한다.

- 황제펭귄은 남극 겨울의 혹한에 맞설 수 있는 방한 깃털과 지방층을 지니고 있다.

어요!"

그럴 땐 고개를 가로저으며 답한다.

"설마요. 추위는 쉽게 적응되지 않더라고요."

여름에 잠시 남극에 다녀온 것만으로는 절대 추위에 적응되지 않는다. 6,000만 년 전 조상 때부터 남반구 바다에서 적응해 온 황제펭귄 정도는 돼야 이런저런 대비책을 마련할 수 있다. 빛조차 들지 않는 짙은 어둠 속에서 서로 온기를 나누는 전략은 황제펭귄이 남극의 겨울을 버텨 내는 효과적인 방법이었고, 그 덕택으로 포식자에 대한 걱정 없이 새끼를 키울 수 있게 됐다.

©Denis Luyten

얼음 위에 엎드린 새끼 황제펭귄.
한 마리의 펭귄을 키워 내기 위해 부모는
극야의 겨울에 산란을 하고,
어둠의 바닷속을 헤엄치며 먹이를 잡아 온다.

도망치기

바다와 하늘의 경계를 극복한 물 위의 도망자, 날치

"때로는 모든 것에서 도망쳐야
누가 나를 향해 달려오는지
확인할 수 있다."

- 섀넌 L. 올더

　바다의 작은 어류가 돼 포식자에게 쫓기는 장면을 떠올려 보자. 등 뒤에서 날카로운 이를 드러낸 다랑어Tuna와 만새기Mahi-mahi가 빠른 속도로 다가온다. 포식자를 피해 전력으로 헤엄치다 보니 어느새 수면에 도달한다. 수면이 장벽처럼 앞을 가로막고 있다.

더 이상 갈 곳이 없다. 하지만 이때 몸에 '날개'가 있어 표면을 뚫고 물 밖으로 솟구칠 수 있다면 어떨까? 아마 하늘로 유유히 날아오르며 포식자를 뒤로한 채 더 먼 곳으로 미끄러져 갈 수 있을 것이다. 이 상상을 현실로 만든 어류가 날치Flyingfish다.

날치는 물과 공기라는 서로 다른 두 매질 사이를 오가며, 물속의 유영과 공중의 움직임을 한 몸으로 구현해 낸 해양 척추동물이다. '날치'라는 이름은 날치과에 속하는 64종을 아우르며, 영문명 'flyingfish'는 한글명과 마찬가지로 '하늘을 난다'는 뜻이다. 하지만 실제로 날치가 새처럼 날갯짓을 하는 건 아니다.

엄밀히 말하면 날치는 '비행'이 아닌 '활공'을 한다. 수면을 얕은 각도로 돌파한 뒤 꼬리지느러미로 초당 50~70회 물을 차며 가속해 이륙한다. 가슴지느러미와 배지느러미를 날개처럼 펼쳐 공기의 흐름을 타는데, 이때 마치 비행기처럼 날개를 위로 밀어 올리는 힘(양력)을 받아 공중에 떠오르게 된다. 그리고 속도가 떨어지면 물에 닿은 꼬리 끝을 움직여 재가속한다. 이 과

대서양에서 날치가
포식자로부터 도망치며
수면 위로 떠올랐다.

정을 반복하며 날치는 최대 수백 미터를 연속으로 활공한다.[41]

2008년 일본 가고시마현 구치노에라부지마와 야쿠시마섬 사이를 오가던 배에서 NHK 촬영팀이 기록한 바에 따르면 날치는 약 45초간 공중에 머물며 시속 약 30킬로미터 속도로 움직였다. 보통의 활공 거리는 50미터 안팎이지만 400미터까지 비행한 보고도 있고, 때로는 수면 위로 최대 6미터까지 도약한다.[42]

날치의 지느러미는 포식자 유형에 따라 다르게 진화했다. 덩치 큰 다랑어에게 주로 쫓기는 종들은 빠른 이륙을 위해 가슴지느러미만 크게 발달한 '두 날개형'이 많은 반면, 민첩한 만새기를 따돌려야 하는 종들은 배느러지미까지 길게 키운 '네 날개형'으로 기동성과 활공 거리를 동시에 확보한다.[43]

대표적인 네 날개형인 제비날치Darkedged-wing flyingfish는 가슴지느러미와 배지느러미가 만들어 내는 공기 흐름 차이를 통해 양력을 키운다. 몸을 수평으로 두었을 때 가슴지느러미 앞쪽은 12~15도 위로 들리고 배지느러미는 2~5도 위를 향하는데, 이 미묘한 각도 차 때문에 두 지느러미 사이를 지나는 공기가 가속돼 더 큰 양력이 생긴다. 또한 배지느러미는 단순한 보조 날개 역할만 하는 것이 아니라 무게중심 뒤쪽에서 꼬리평면처럼 작동해 안정성까지 높인다.[44] 몸의 형태와 근육도 비행을 위해 재설계됐다. 친척뻘 되는 다른 어류에 비해 가슴지느러미대를 이루는 오훼골과 견갑골이 크게 발달했고, 가슴지느러미는 펼침을 담당하는 외측근과 접음을 담당하는 내측근으로 정교하게 제어된다.[45]

날치가 활공할 때 높이가 지나치게 높으면 날개 끝에서 강한 와류渦流가 생기면서 유도항력이 커지고, 반대로 수면으로 바짝 내려가면 '지면효과grounding effect'가 나타나 와류가 억제되고 공기 저항이 감소한다. 예컨대 비행 고도를 13센티미터에서 2.6센티미터로 낮추면 공기 저항이 약 20퍼센트 감소해, 100미터를 나는 조건이라면 120미터까지 비행거리를 늘릴 수 있다는 계산이 나온다. 실제 바다에서도 날치는 수면 가

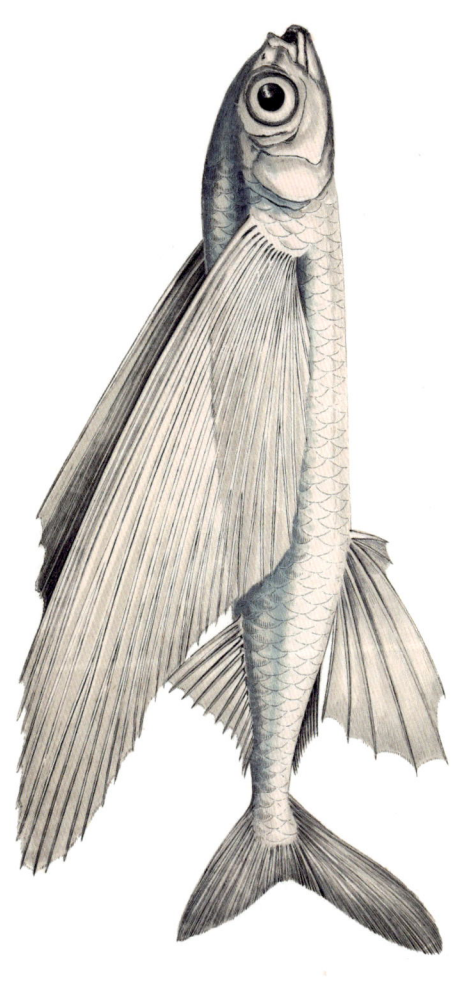

날치의 가슴지느러미가 날개 역할을 하고,
배지느러미가 보조 날개와 동시에 꼬리평면처럼 작동해
안정적인 활공을 가능하게 한다.

ⓒExocoetus volitans

까이에 붙어 아슬아슬한 높이를 유지하며 활공한다.

이처럼 날치는 이중 날개 구조와 수면에 근접한 활공을 통해 양력을 높이고, 항력을 낮춤으로써, 활공 성능이 매·슴새·원앙 등의 조류와 비슷한 수준까지 도달했다.[46]

날치라고 해서 태어날 때부터 하늘을 날 수 있는 건 아니다. 어린 개체는 길이가 최소 약 5센티미터만큼은 자라야 본격적인 활공을 보이기 시작한다. 그보다 작을 땐 표면장력이 크다 보니 지느러미가 몸에 들러붙어 수면을 가볍게 뛰어오르는 수준에 그친다. 그러다 성장하면서 몸통은 더 가늘어지고, 날개 형태는 활공에 유리하도록 좁고 길게 다듬어진다.[47]

날치의 비행은 기후와도 맞닿아 있다. 근육 수축 특성상 수온이 20도 이하로 떨어지면 고속의 꼬리질과 활공을 지속하기 어렵다. 그래서 날치는 대체로 수온 약 20~23도 이상의 따뜻한 표층수에서 관찰되며, 열대와 아열대의 바다가 이들의 주요 무대가 된다.[48]

날치의 활공에 대해서는 에너지를 아끼려는 행동

날치가 꼬리지느러미로 물 위에 S 자를 그리며 활공하고 있다.

이라는 가설도 있었지만, 지금으로서는 포식자로부터 달아나기 위한 것이 핵심 동력이라는 해석이 힘을 얻고 있다. 흥미로운 점은 이 도주의 기술이 단순한 속도 경쟁이 아니라 유체역학의 경계에서 나온다는 사실이다. 꼬리의 리듬, 지느러미의 각도, 수면과의 거리라는 변수들을 풀어낼 때, 어류는 잠시나마 조류가 돼 공기의 흐름을 읽는다.

날치는 생존의 위기에서 경계에 가로막힐 때, 경계를 이용했다. 수면은 물리학적으로 매질이 바뀌는 경계이자 장벽이지만, 날치에게는 양력을 받는 도약판이 됐다. 원통형에 가까운 몸체는 물을 빠져나오는 저항을 줄였고, 펼친 지느러미는 공기의 흐름을 통해 양력을 높였다. 날치에게 있어 바다에서 하늘은 멀리 있는 다른 세계가 아니라, 파도 위 몇 센티미터만 오르면 다가갈 수 있는 가까운 곳이었다.

우리는 종종 거대한 장벽을 본다. 누군가의 추격과 공격을 받아 벽 앞에 서면 그 높이는 넘을 수 없을 만큼 높아 보인다. 이런 상황이 닥쳤을 때 이겨 내는 해법을 날치는 진화를 통해 말없이 보여 준다. 장벽을 밀어붙이는 대신, 두 세계를 가로지르는 경계를 스치듯 올라가 몸을 낮추면 방법이 보인다. 불리한 조건을 없앨 수 없다면, 그 경계를 빗겨서 아주 조금만 그 위로 떠오르면 된다. 새처럼 하늘을 날지 못해도 괜찮다. 포식자가 가득한 대양에서 훌륭한 도주의 기술은 파도 위 2~3센티미터의 얕은 하늘에 오르는 것만으로도 충분하다. 그 위에 도달하면 경계 아래에 있는 포식자들을 내려다볼 수 있다. 자연을 살아가는 동물들은 늘 그렇게, 제약을 조건으로 바꾸는 발상을 통해 새로운 길을 열었다. 날치가 바로 그 교본이다.

적응하기

약점이 돼 버린 북극곰의 극한 적응

"가장 고통스러운 것은
누군가를 너무 많이 사랑하고 잊는 과정에서
너 자신을 잃는 것이다."

- 어니스트 헤밍웨이

영하 40도에 찬바람이 휘몰아치는 얼음 위를 맨발로 서 있다고 상상해 보자. 아마 5분도 버티지 못할 것이다. 그런데 북극곰은 추위 따위는 아랑곳하지 않고 마치 산책하듯 바다 얼음 위를 유유히 거닌다. 심지어 일 년 내내 극지방을 떠나지 않기 때문에 북극곰 서

식지 범위가 북극권Arctic circle을 정의하는 기준이 되기도 한다.⁴⁹

그렇다면 북극곰은 북극의 추위를 어떻게 버티는 걸까? 생태학적 관점에서 이 질문은 그리 세련돼 보이지는 않는다. 해양생물학자 실비아 얼Sylvia Earle은 북극곰의 생태에 관해 다음과 같이 말했다.

"인간에게 북극은 극도로 척박한 곳이지만, 그곳의 환경은 북극곰이 생존하고 번성하는 데 꼭 필요한 조건이다. 우리에게 '혹독한' 환경이 그들에게는 '집'과 같다."✱

북극곰은 약 40만 년 전 불곰Brown bear과 갈라져 독자적인 종으로 자리 잡았다. 이 시기는 지난 50만 년

✱ 영어 원문은 다음과 같다. "For humans, the Arctic is a harshly inhospitable place, but the conditions there are precisely what polar bears require to survive-and thrive. 'harsh' to us is 'home' for them."(https://x.com/SylviaEarle/status/1009826284564832262)

ⓒArturo de Frias Marques

노르웨이 스발바르제도에 속해 있는 스피츠베르겐섬에서
북극곰 한 마리가 바다 얼음 위를 점프해 이동하고 있다.

동안 가장 길었던 간빙기로, 무려 5만 년간 따뜻한 기후가 이어지면서 그린란드 빙상이 크게 줄어들었으며 그린란드 남부 지역은 침엽수림이 우거졌다. 오늘날에는 상상조차 어려운 풍경이다. 그 틈을 타고 북극곰의 조상은 이전까지는 살 수 없었던 북위 지역까지 진출했고, 이후 시간이 지나 기후가 추워지는 동안 북극에 남아 홀로 얼음 환경에 적응한 거대 육상 포유류가 됐다.[50]

고위도 북극의 극한 환경에서 살아남으려면 지방이 풍부한 식단을 유지해야 한다. 에너지 수요가 높기 때문이다. 따라서 새끼 북극곰은 27퍼센트의 지방을 함유한 모유를 먹고 자라고[51], 성체는 뛰어난 후각을 이용해 얼음 구멍에서 물범을 사냥함으로써 지방층 blubber을 섭취한다.[52] 영양 상태에 따라 차이는 있지만 이들은 체중의 약 50퍼센트를 지방으로 채울 수 있어 에너지 저장과 보온에 용이하다.[53]

북극곰은 사람에게라면 치명적일 정도의 높은 콜레스테롤 수치를 평생 유지한다. 심혈관계 구조와 기능이 이를 처리할 수 있는 정도로 유전적 변이가 축적된 덕에 혈관 질환 걱정 없이 평생 지방이 풍부한 물범 식단을 유지하는 포식자로 자리 잡았다.[54]

또한 북극곰의 흰색 털은 먹이로부터 위장하기에도 좋지만, 단열 효과가 뛰어나 추위를 버티기에 알맞다. 그럼에도 불구하고 낮은 기온이 지속될 때는 몸을 둥글게 말아 일시적으로 체표면적을 줄이거나 눈 속에 굴을 파고 들어가 체온을 유지한다. 특히 새끼 북극곰은 600~800그램의 매우 적은 체중으로 태어나기 때문에 체지방이 적고 단열에 취약해 출산 후 3개월 정도는 어미가 함께 지내며 굴 안에서 보호한다.[55]

북극곰은 극한의 북극 기후와 환경에 최적화된 포식자다. 본래 바다 얼음에서 쉽게 구할 수 있는 먹이인 물범 사냥에 특화돼 있어 고지방 대사에 알맞게 적응해 왔다. 하지만 최근 들어 그들의 생활 무대가 급속히 바뀌고 있다. 기후 변화로 인해 바다 얼음은 점차 줄고, 이에 따라 얼음 구멍을 찾아 사냥하기는 어려워졌다. 그러다 보니 먹이를 찾기 위해서는 장거리 수영을

노르웨이 힌로펜스트레텐 해협의 **빽빽한** 유빙 위에서 엄마 북극곰이 새끼 북극곰과 머리를 맞대고 있다.

해야 하는데 이때 에너지 소모가 너무 크다.[56] 건조한 조건에서 단열이 잘 되던 긴 털은 물에 젖으면 공기층이 형성되지 않아 체온을 급격하게 떨어뜨린다. 특히 어미의 등에 올라타 수영을 하는 새끼들은 저체온 위험에 더 많이 노출된다.[57]

여름은 어떨까? 저체온의 위협은 없다고 해도 사냥이 어려워서 최장 6개월까지 단식에 내몰리며 생존에 위협을 받는다.[58] 굶주림에 지친 나머지 육지에서 조류의 알을 사냥하거나 순록을 잡아먹는 광경도 종종 목격되지만 고지방 식단에 길들여진 북극곰들에겐 턱없이 부족한 수준이다.

북극곰과 가까운 불곰은 잡식성이라서 열매나 곤충을 먹으며 에너지를 얻을 수 있다. 하지만 북극곰은 극지 물범 잡이에 완전히 특화된 사냥꾼이다. 앞서 소개한 것처럼 바다 얼음은 단순한 환경이 아니라 그들에게 '집'과 같은 곳이다. 따라서 얼음이 사라지면 먹이를 잡고 새끼를 기르는 기본적인 생존과 번식이 어려워진다. 즉, 북극곰의 완벽한 것처럼 보였던 극지 적응은

초여름 노르웨이 힌로펜스트레텐 해협 유빙 위에서
낮잠을 자는 엄마 북극곰 위에 새끼 곰이 올라가 기대고 있다.

이제 생존의 걸림돌이 되고 있다.

미국 국립빙설자료센터NSIDC의 발표에 따르면 2025년 겨울, 바다 얼음의 면적은 1,433만 제곱킬로미터로, 47년간 위성으로 관측한 이래 역대 최저치를 기록했다.[59] 북극곰의 위기는 앞으로 더욱 가속화할 것이라는 게 전문가들의 공통된 견해다.

북극곰의 사례는 극한 환경에 특화된 적응이 기후 변화에 따라 위협으로 다가오는 진화의 역설을 보여 준다. 완벽한 적응은 완벽한 약점이 될 수도 있다. 이 질문은 우리에게도 돌아온다. 인간의 생존 환경은 환경 변화에 얼마나 유연한가? 우리가 완벽히 적응해 버린 현대 문명 체제 속에서 다가오는 기후 위기를 버텨 낼 수 있을까?

ⓒDenis Luyten

추위를 견디기 위해 고지방 식단에
최적화한 몸으로 진화를 거듭한 북극곰은
오늘날 절체절명의 위기를 맞았다.

움츠리기

느리지만 지구에서 가장 강한 완보동물

"멈추지 않는 한
얼마나 느리게 가는지는
중요하지 않다."

- 공자

'느리게 걷는다'는 의미의 'Tardigrade'라는 영어 이름을 가진 동물이 있다. 얼마나 느리면 '완보緩步동물'일까. 완보동물은 짧고 통통한 네 쌍의 다리를 가진 생물로, 현미경을 통해서야 꼬물꼬물 걷는 모습을 볼 수 있을 정도로 자그마하다.

이 동물은 동물계Animalia의 독립된 문Phylum인 완보동물문Tardigrada에 속하며, 절지동물문Arthropoda, 연체동물문Mollusca, 척삭동물문Chordata 등과 어깨를 나란히 한다. 현재까지 전 세계에 1,500종 이상이 보고됐고, 이끼와 낙엽 틈, 담수 웅덩이, 해양 퇴적층, 심지어 극지의 바다 등 다양한 서식지에서 발견된다. 생태계에서는 조류나 세균 등을 갉아먹는 작은 포식자로서 부지런히 제 몫을 해 왔지만 눈에 잘 보이지도 않는 작은 동물이다 보니 대중의 관심에서는 오랫동안 비켜나 있었다.

그런데 최근 극한 환경에서 살아남은 이들의 능력이 잇달아 보고되면서 상황이 달라졌다. 완보동물의 생존 기술은 말 그대로 '극한'이라는 단어가 어울린다. 지구의 거친 조건은 물론, 우주 환경에서도 버틴 기록이 있기 때문이다.

이들의 핵심 전략은 환경 스트레스가 닥쳤을 때, '툰tun'이라고 불리는 상태로 들어가 대사를 극단적으로 낮추는 것이다. 머리와 다리를 오므리고 몸을 주름

©Thomas Shahan

중국 비너스옵틱스의 렌즈 브랜드 라오와의
오로곤 슈퍼마이크로 렌즈로 촬영한 완보동물의 모습이다.
몸길이가 1밀리미터가 채 되지 않을 만큼 작다.

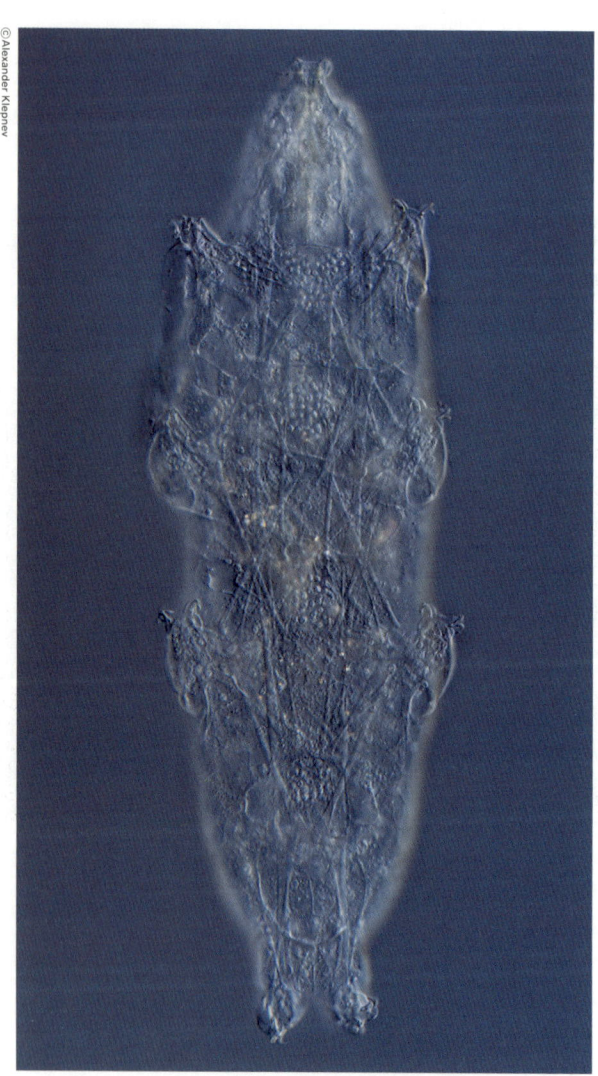

완보동물을 배 쪽에서 현미경으로 관찰한 모습이다.
위쪽이 머리고, 입에는 돌기가 나 있으며,
몸통 좌우로 총 네 쌍의 다리가 있다.

지게 줄이면, 표면적과 수분 손실이 줄어들고 세포 내부에서는 구조를 안정화하는 단백질이 발현된다.

2007년 9월 14일, 유럽우주국ESA은 특별한 생물 실험을 했다. 러시아의 무인 회수형 우주선인 'Foton-M3'에 살아 있는 완보동물을 태우고 약 12일간 저지구궤도(250~290킬로미터)에 올린 다음, 캡슐 외부 덮개를 열어 우주의 진공, 극저온, 방사선, 자외선에 직접 노출시킨 뒤 회수하는 실험이었다.

강한 우주 방사선에 노출되면 보통의 생물체는 세포 내 DNA가 손상되고 활성 산소가 생성되면서 심각한 위험에 빠진다. 하지만 완보동물은 툰 상태로 들어가 신진대사를 극단적으로 낮추며 버텼다. 그 결과, 우주 진공과 방사능에 노출된 후에도 높은 생존율을 유지했으며, 지구에 돌아와 다시 활동을 재개했고 일부에선 번식도 확인됐다.[60] 우주에 노출된 후에도 살아 돌아와 새끼를 키우며 살아간다는 사실 하나만으로도 이 작은 동물의 잠재력을 보여 주기에는 충분했다.

사실 우주에 가기 전부터 이미 학계에서 완보동

물의 명성은 자자했다. 완보동물은 건조한 상태가 지속되면 툰 상태로 전환해 앞서 말했듯 머리와 다리를 오므리고 몸을 주름지게 줄여 수분 손실을 최소화한다.[61] 이때의 내구성이 매우 놀라운데, 예를 들어 진완보강에 속하는 매크로바이오투스 옥시덴탈리스 Macrobiotus occidentalis는 심해 1만 미터에 들어갔을 때 가해지는 수압의 여섯 배인 600메가파스칼에서도 95퍼센트 이상의 높은 생존율을 보였다.[62]

이렇듯 외부의 자극을 막아 주는 물리적인 방어막이 있을 뿐 아니라 완보동물의 세포 내부에서는 극한에서 버틸 수 있게 도움을 주는 분자적 수준의 물질들이 생성된다. 특히 많이 발견되는 열가용 무질서 단백질(CAHS/SAHS 등)은 툰 상태에서 세포 구조와 막을 안정화해 보호하는 데 도움을 준다. 또한 스트레스 상황에 처했을 때 생성되는 단백질인 'Dsup Damage suppressor'은 뉴클레오좀에 결합해 활성 산소로부터 DNA를 보호하는 것으로 알려져 있다.[63] 더 흥미로운 것은 Dsup을 인간 세포에 발현시키는 실험을 해 보니,

현미경으로 관찰한 완보동물의 정면 얼굴이다.
다리에는 접착성이 있는 네 개의 갈고리가 있어서
이끼와 낙엽 등에 잘 붙는다.

방사선에 의한 DNA 손상 지표가 약 40퍼센트 감소했다.[64] 완보동물의 적응 비결이 다른 생물의 보호 기술에 응용될 수 있음을 시사하는 대목이다.

이제까지 나온 보고들을 종합해 보면 완보동물은 마치 무적의 극한 생물처럼 보인다. 심해보다 수배 높은 압력을 견디고 우주의 방사선에도 끄떡없다면 지구에 어떤 변화가 생겨도 살아남을 수 있지 않을까.

하지만 완보동물이라고 해서 완전 무적인 것만은 아니다. 예컨대 일부 연구에서는 극히 짧은 시간 동안 섭씨 151도 이상을 견딘 사례가 보고되긴 했지만, 노출 시간과 수분 상태에 따라 생존율이 급감했다. 즉, '특정한 조건'에서만 가능한 내성이 많다. 따라서 기후변화로 고온의 빈도와 지속 시간이 늘면, 완보동물의 생존도 장담할 수 없다.[65]

완보동물의 생존 전략은 '무조건적 강함'이 아니라 '조건에 따라 움츠릴 줄 아는 지혜'다. 활동과 휴면 사이의 균형을 정교하게 조절하며 언제 움츠리고 버텨

야 하는지를 잘 알고 살아남는다. 느리게 걷지만 조용히 버티고 있다가, 적당한 때가 되면 몸을 펴고 빠르게 뛰며 세대를 남기는 것. 이것이 완보동물이 지구에서 이제껏 살아남은 비결이 아닐까.

10

표류하기

표류하지만 길을 잃지 않는 바다의 히치하이커,
콜럼버스게

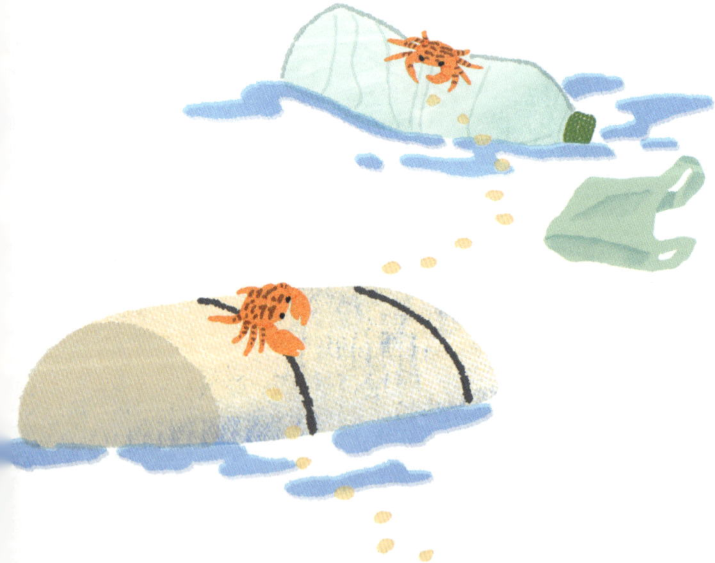

"방황하는 모든 사람이
길을 잃는 것은 아니다."

- J. R. R. 톨킨

1492년 9월 17일, 신대륙을 찾아 대서양 사르가소해를 항해하던 이탈리아 출신 탐험가 크리스토퍼 콜럼버스Christopher Columbus는 해수면에 수없이 떠도는 갈색 해조류 무더기와 함께 그 속에서 작은 게 한 마리를 건져 올렸다. 그리고 그는 자신의 항해록에 다음과

같이 적었다.

"강에서 나는 풀처럼 생긴 해초가 많이 떠다니는 것을 보았고, 그 속에서 살아 있는 게 한 마리를 발견해 제독이 그것을 보관했다. 그는 이런 게들이 육지가 가까이 있다는 확실한 징후라고 말했다."✳

그러나 제독의 예측은 빗나갔다. 게를 건져 올린 서경 37도, 북위 28도 지점은 유럽과 아메리카 사이 대양 한가운데였고, 북아메리카 대륙까지는 최단거리로도 약 2,860킬로미터가 남아 있었다. 콜럼버스가 만난 게는 오늘날 '콜럼버스게Columbus crab'라고도 불리는 플라네스 미누투스Planes minutus로 추정된다.

보통 게는 해안가 모래나 갯벌에 서식하기 때문에 게가 발견됐다는 건 육지가 가까워졌다는 징후로 추

✳ 이에 관한 논문에 담긴 영어 원문은 다음과 같다. "saw much more weed appearing, like herb from rivers, in which they found a live crab, which the Admiral Kept. He says that these carbs are certain signs of land."

해안가 모래 위에
콜럼버스게가 등장했다.

정할 수 있지만, 콜럼버스게는 해안과 멀리 떨어진 대양에 살며 해초와 부유물, 그리고 다른 해양 동물의 몸에 의지해 살아간다. 콜럼버스게는 몸길이가 불과 1~2센티미터 남짓한 소형 갑각류로 대서양을 비롯, 지중해·인도양·태평양까지 전 세계 바다에 퍼져 있다.[66]

그런데 정작 수영 실력은 그리 뛰어난 편이 아니다. 수면에서 겨우 40분 정도 헤엄칠 수 있는데 이후에는 지구력이 떨어져 어딘가 붙어 있을 만한 곳이 필요하다. 다행히 다리에 굵은 가시가 나 있어서 무엇이든 매달리기에 적합하다. 그중에서도 궁합이 가장 잘 맞는 파트너가 바로 바다거북이다.[67]

콜럼버스게가 특히 자주 애용하는 이동식 숙소는 붉은바다거북Loggerhead sea turtle이다. 연구 사례를 살펴보면 붉은바다거북 128마리 중 82퍼센트인 105마리에서 이 게가 확인됐다는 보고가 있을 정도다.[68] 콜럼버스게는 낮 동안 바다거북 등껍질에 붙은 따개비 유생이나 기생성 요각류를 뜯어먹어 '청소부' 역할을 하고, 밤에는 해수면 근처에 떠다니는 크릴 등 동물플랑

©Tanguy Sauvin

붉은바다거북이 바닷속에서 다리를 이리저리
휘저으며 열심히 헤엄치고 있다.
이 거북 어딘가에도 콜럼버스게가
숨어 있을지 모른다.

크톤이나 조류를 먹는다.[69 70] 바다거북은 기생성 유착 생물을 제거하는 데 도움을 받고, 콜럼버스게는 먹이와 이동 숙소를 한꺼번에 제공받는 셈이다. 대양을 떠다니는 극한 환경에서 서로의 조건을 개선하며 도움을 주고받는 공생 전략이 오랜 세월 작동해 온 결과다.

하지만 외로이 바다를 떠다니는 생존 전략은 번식에 불리할 수밖에 없다. 부유물에 의존한 채 대양이라는 광활한 무대에서 작은 게가 짝을 찾기란 쉽지 않다. 그래서 콜럼버스게는 '히치하이킹 도중 기회가 오면 재빨리 갈아탄다'는 전략을 쓴다. 홀로 바다거북에 매달려 다니다가 파트너가 있는 다른 바다거북이 근처를 지나가면 짧은 수영 실력을 발휘해 건너가 교미에 성공하는데, 거북이 제공하는 '피난처의 크기'는 제한적이기 때문에 사회적 일부일처가 형성된다는 연구도 있다.[71] 바다 한가운데서도 나름 효율적인 짝짓기 전략을 마련해 번식을 이어가는 과정을 보여 주는 장면이다.

그런데 최근 들어 이 게가 사용하는 이동 숙소가 하나 더 늘었다. 바로 플라스틱 쓰레기다. 운동화나 샌

들 같은 해양 부유 쓰레기에서도 콜럼버스 게가 관찰됐고, 플라스틱 조각 사이를 점프하며 이동하는 모습까지 보고됐다.[72] 대양 표면을 떠다니는 인공 뗏목이 지속적으로 공급되면서 콜럼버스게는 새로운 발판을 적극 활용하는 생물로 부상했다. 적응이라는 관점에서 보면 놀라운 유연성이지만, 그 배경엔 인간이 만든 플라스틱 세상이라는 점이 씁쓸함을 남긴다.

콜럼버스의 항해록에서 콜럼버스게는 육지가 가까워졌다는 징후로 오해받긴 했지만, 실제로 이 게는 콜럼버스에 비견될 만큼 뛰어난 탐험가이자 항해가다. 극한 환경에서 희소 자원을 최대치로 활용하며 공생하는 능력과 인간이 만든 쓰레기까지 서식지로 바꿔버리는 신속한 유연성으로 훌륭하게 살아남았다. 스스로 바다를 건너지는 못하지만 바다가 그를 실어 나르게 만드는 대양의 히치하이커. 이 작은 게는 표류하지만 길을 잃지 않으며, 의지하지만 고착되지 않으며 바다에 적응했다.

느끼기

자연이 만든 짜릿한 생존 도구의 개발자, 전기뱀장어

"감각은
진실의 증언자다."

- 헨리 데이비드 소로

　남아메리카의 아마존강 유역은 계절에 따라 물이 얕아지거나 흐름이 약해지는 곳이 많다. 이와 같은 습지형 수역은 물이 탁하고 시야가 흐리기 때문에 시각적으로 먹이를 탐색하기 어렵다. 게다가 산소가 부족해 주기적으로 물 밖으로 나와 공기 호흡을 해야 한다. 하지만 물 밖으로 고개를 내미는 순간 포식자에게 노출될 위험이 크다. 이처럼 어둡고 숨 막히는 환경 속에서 살아남기 위해 전기뱀장어Electric eel, Electrophorus electricus는 이름대로 전기를 이용했다.

우리 몸의 신경 세포는 세포막을 경계로 이온을 이동시켜 전기 신호를 만들어 낸다. 그리고 이 미세한 전류는 근육을 움직이고 심장을 뛰게 한다. 전기뱀장어의 전기 기관은 이 원리를 극대화한 결과물이다.

전기뱀장어의 꼬리 부분에는 세포막을 통해 이온 이동을 조절할 수 있는 전기 세포electrocyte가 모여 있다. 이들은 직렬로 연결돼 전기 기관electric organ을 이루는데 이는 근육 세포가 수축 기능을 버리고 전위를 쌓는 방향으로 변형된 결과다.

신경 자극을 받으면 세포막의 전위가 순식간에 역전된다. 그리고 이 현상이 도미노처럼 번지면서 전류가 발생한다. 전기 세포 하나는 약 0.15볼트의 전압을 낼 뿐이지만 이런 세포 수천 개가 직렬로 연결돼 있다고 생각해 보자. 전기뱀장어는 전기 기관을 통해 순간

전기뱀장어가 발생시킬 수 있는
최대 전압은 약 850볼트로,
전기 기관을 가진 어류 중 가장 높다.

© Oleksandr Alex Zakletsky

적으로 800볼트에 달하는 전압을 발생시킬 수 있다.[73] 가정용 콘센트 전압의 약 일곱 배에 이를 만큼 강력한 수준이다. 참고로 테이저건이 발사돼 명중했을 때 인체에 흐르는 전기의 평균 전압이 400볼트 정도다. 전기뱀장어는 이런 강한 전류로 먹이를 단숨에 마비시키거나 접근하는 포식자를 놀라게 한다.

1800년 3월, 독일의 탐험가 알렉산더 폰 훔볼트 Alexander von Humboldt는 아마존 탐험 중 말들이 웅덩이에 빠지자 전기뱀장어들이 몸을 던지며 달려드는 모습을 기록으로 남겼다. 이 일화는 그간 다소 과장된 이야기로 치부됐으나 최근 실제로 전기뱀장어가 물 밖으로 뛰어올라 물체를 공격하는 행동이 관찰되면서 과학적으로 입증됐다.[74]

전기뱀장어의 전기는 말을 넘어뜨릴 정도로 강력한 무기이기도 하지만, 빠르게 움직이는 먹이나 장애물을 탐지하는 감각 기관의 역할도 한다. 박쥐가 초음파로 곤충을 추적하듯, 전기뱀장어는 고주파 전기 펄스electric pulse를 방출해 물속의 물체를 파악하고 뒤쫓

훔볼트가 기록한 말과 전기뱀장어의 전투 일화는
1859년 스코틀랜드의 예술가 제임스 호프 스튜어트James Hope Stewart와
윌리엄 홈 리자스William Home Lizars에 의해 판화로도 남았다.

는다.75 특히 전기뱀장어의 삭스sachs 기관이 10볼트 수준의 약한 전기 펄스를 내면 피부의 전기 수용체가 그 주파수와 진폭을 감지하는데, 이때 발생하는 전기장의 왜곡으로 전기뱀장어는 주변 물체의 위치와 움직임을 읽어 낸다. 일종의 '전기 레이더'로 상대의 정보를 해석함으로써 주변에 있는 다른 생물의 움직임을 탐지하는 것이다.76 전기뱀장어의 이런 능력을 '전기 탐지electrolocation'라고 한다. 그렇게 해서 전기뱀장어는 빛이 닿지 않는 암흑 속에서도 3차원 공간을 인식하고 사물의 움직임을 알아차린다. 인간이 빛으로 세상을 본다면, 전기뱀장어는 전류의 굴절로 세상을 보는 셈이다. 어둠의 세계에서 전기는 곧 빛이다.

이뿐 아니라 전기뱀장어에게 전류는 언어이기도 하다. 이들은 암흑 속에서 서로 다른 전기 파형을 만들어 냄으로써 상대를 구별한다. 전기장의 패턴은 성별, 사회적 서열, 회피 행동 등에 따라 달라지므로 사회적 신호 전달이 가능하다.77 실험에 따르면, 번식기 수컷에게 암컷의 전기장 패턴을 모방한 자극을 줬더니 자극을 감지한 수컷이 근처에 암컷이 있다고 착각해 구애 행동을 보였다고 한다.[78] 전류라는 언어로 감정을 건드린 것이다.

전기뱀장어의 전기 기관은 이탈리아 과학자 알레산드로 볼타Alessandro Volta에게도 영감을 줬다.[79] 볼타는 전기뱀장어의 전기 기관이 동전으로 쌓은 기둥처럼 생겼다는 사실에 착안해, 구리와 아연 원반을 번갈아 쌓고 그 사이에 소금물을 적신 종이를 끼워 넣어 전기를 발생시키는 장치를 만들었다. 이는 전기를 지속적으로 생산할 수 있는 인류 최초의 장치가 됐다. 볼타는 이를 전기뱀장어의 자연적 전기 기관을 재현했다는 의미에서 '인공 전기 기관artificial electric organ'이라고 불렀다.[80]

물론 전기 기관은 전기뱀장어만의 전유물이 아니다. 전기메기, 전기가오리 등 서로 다른 계통의 어류 중에도 전기를 만드는 종들이 있다. 찰스 다윈Charles Darwin은 자신의 저서 《종의 기원Origin of Species》에서 이들을 수렴 진화convergent evolution(계통이 다른 생물들이 개별

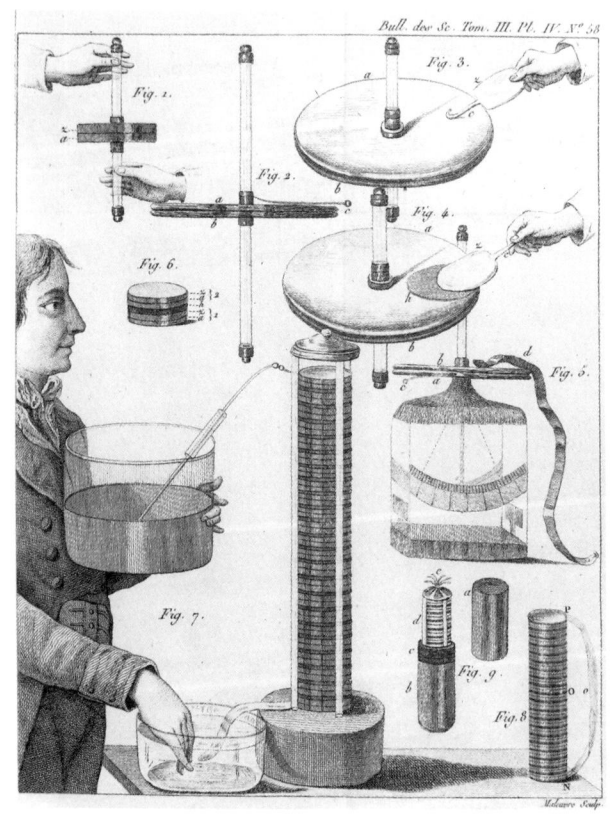

알레산드로 볼타는 전기뱀장어의 전기 기관에서 착안해
인공 전기 기관을 만들었다.

적으로 환경에 적응해 유사한 형태를 띠는 현상)의 대표 사례로 꼽았다.[81] 최근 유전체 분석 연구에 따르면, 어류는 전기를 만들어 내는 능력을 적어도 여섯 번 이상 독립적으로 진화시켰으며, 모두 근육 세포의 변형을 동반한 유전적 경로를 통해 반복 진화됐음이 밝혀졌다.[82] 탁한 물, 어두운 공간, 포식과 생존의 끊임없는 압박 속에서 자연은 같은 해답, 즉 전기라는 생존 도구를 반복적으로 선택해 왔다.

전기뱀장어의 전기 기관은 이제 생체모사전기공학biomimetic electrics의 모델이 되고 있다.[83] 세포 수준에서 에너지를 저장하고, 신경 자극으로 동시에 방전되는 원리는 인공 전지와 생체 전자 기기 설계에 영감을 준다. 이미 이 아이디어를 응용한 인체 삽입형 심박측정기, 생체 센서에 전력을 공급할 수 있는 자체 발전형 전원 장치의 초기 모델이 개발 중이다.[84]

인간은 스스로 전기를 '발명'했다고 생각하지만, 사실 자연은 이미 수백만 년 전부터 전기를 자유자재

- 길게 나온 코 때문에 민물 코끼리라고도 불리는 모르미리드과의 이 물고기는 지능이 높고 약한 전기 신호로 소통한다.

- 8~220볼트의 전기를 생산하는 전기가오리가 산호초 위를 유유히 헤엄치고 있다.

로 다루는 생명체를 만들어 냈다. 전기뱀장어는 전기를 다루는 능력을 통해 어둠 속에서 볼 수 있으며, 고요 속에서 대화할 수 있고, 위협으로부터 자신을 지킬 수 있는 생존 무기를 갖췄다. 그들의 몸에 흐르는 전기는 단순한 자극이 아니라, 진화 속에서 만들어 낸 정교한 생존의 언어다.

12

소리 내기

딸깍 소리로 주변을 감지하는 향유고래

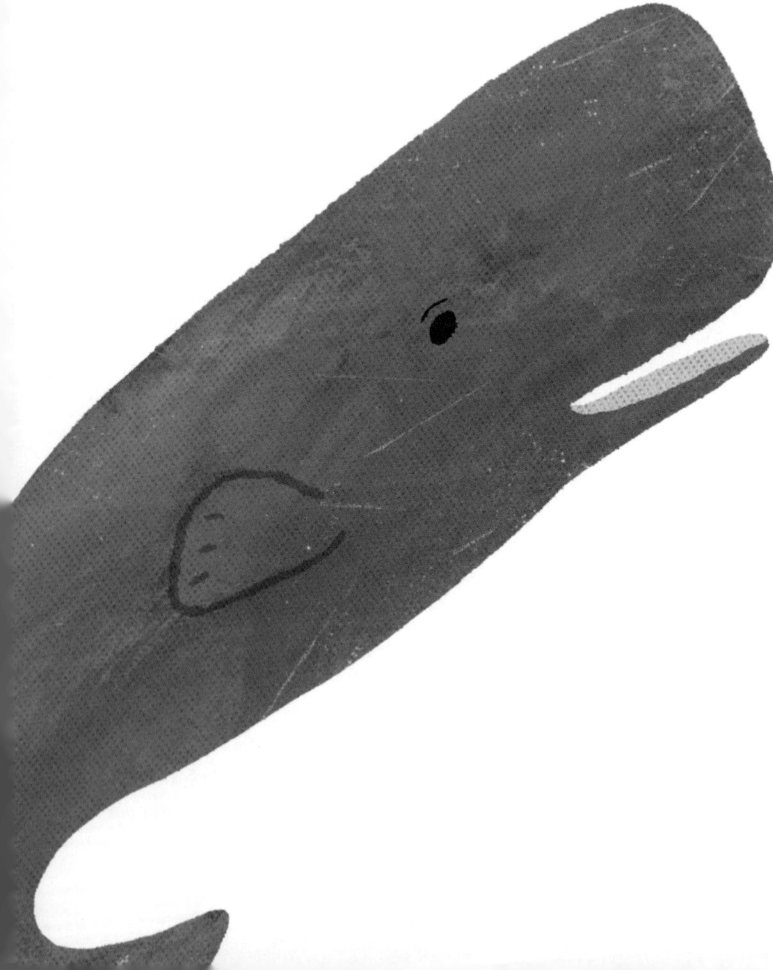

"침묵은 당신을
보호하지 못한다."

- 오드리 로드

"그것은 설산처럼 하얀 머리를 지닌, 그 거대한 산처럼 불가해하고 무자비한 존재였다. 그 눈에는 인간이 알 수 없는 깊이가 깃들어 있었고, 등에는 폭풍과 싸운 흔적이 새겨져 있었다."*

미국의 소설가 허먼 멜빌Herman Melville은 자신의 소설 《모비 딕》에서 여러 차례 포경선을 격침시키며 공포와 경외의 대상이 된 거대한 흰 고래를 이렇게 묘사했다. 작품 속 '모비 딕'은 그냥 거대한 고래가 아닌, 인간이 통제할 수 없는 위대한 자연의 힘을 상징한다.

'모비 딕'의 모티브가 된 향유고래Sperm whale는 성체 무게가 20톤을 훌쩍 넘는, 지구상에서 가장 큰 이빨고래Toothed whale다.[85] '향유香油'라는 이름은 '향이 나는 기름'을 뜻하며, 영어 이름의 'sperm'은 정자精子를 의미한다. 고래에 이처럼 다소 독특한 이름이 붙은 데는 사실 이유가 있다. 17세기 포경 선원들이 향유고래 머리에서 발견된 반고체 상태의 흰 기름 덩어리를 고래의 정액이라 오해했던 것이다.

18~19세기 무렵 향유는 불을 붙이면 연기가 적고

✳ 허먼 멜빌의 소설 《모비 딕》에 나오는 영어 원문은 다음과 같다. "A hump like a snow-hill! A white whale! All in all, he was a most wondrous phenomenon to behold; vast, inscrutable, and full of power; with a wrinkled brow, and scars from his many battles with storms and ships."

- 향유고래는 가족 중심의 무리를 지어 함께 생활한다.
- 향유고래는 이빨고래 중 가장 큰 종으로, 아래턱에만 20~30쌍의 원뿔형 이빨이 있다.

오래 타 고급 양초의 재료로 각광받았다. 실제로 이 기름 덩어리의 정체는 온도에 따라 상태가 변하는 지방산 에스테르ester로, 고래가 잠수하거나 소리를 낼 때 부력을 조절하거나 음향을 제어하는 기능을 한다.

향유고래 머리의 약 3분의 1 이상을 차지하는 경랍기관spermaceti은 음파를 증폭시키거나 방향과 부력을 조정하는 데 핵심 역할을 한다. 기관을 가득 채운 기름의 온도를 낮추면 밀도가 높아져 단단해지고, 온도를 올리면 밀도가 낮아지기에 심해로 하강하거나 수면으로 부상하는 과정을 쉽게 조절할 수 있다. 이 능력 덕분에 향유고래는 최대 2,250미터 이상 잠수할 수 있고[86], 몸길이가 8미터 이상 되는 거대한 대왕오징어Giant squid를 사냥할 수 있다.[87] 물론 이때 대왕오징어도 호락호락 쉽게 당하지는 않는다. 열 개의 다리에 달린 빨판으로 맹렬히 저항하기 때문에 전투 후 향유고래 몸에는 '폭풍과 싸운 흔적'이 새겨진다.

대왕오징어는 지름 27센티미터 정도의 거대한 눈으로 빛의 미세한 변화까지 감지해 120미터 밖에서 접근하는 향유고래 물살의 음영을 알아챈다.[88] 반면 향유고래는 머리에서 발생하는 음향으로 먹이의 움직임을 감지할 수 있어서 빛에 의존하는 대왕오징어를 간파한다. 이 음향은 마치 박쥐가 어둠 속에서 비행을 할 때 음파를 내고 그 반향을 분석해 위치를 결정하는 것과 같은 방식으로, 전문 용어로는 '반향정위反響定位'라 한다. 반사되는 울림으로 위치를 정한다는 뜻인데 영어로는 '에코로케이션echolocation'이라고도 한다.

향유고래의 반향정위 능력은 비교적 최근에서야 과학적으로 입증됐다. 예전부터 향유고래가 반향정위를 이용할 것이라는 추측은 많았지만, 2002년 덴마크 페테르 마센Peter Madsen 연구팀은 노르웨이 북쪽 바다에 설치한 수중 음향 녹음 장치를 분석해 수컷 향유고래가 0.5~1.5초 지속되는 '딸깍음click'을 내며 이는 고래 정면에서 5~10도를 벗어나지 않는 고도로 정렬된 탐색 빔beam처럼 발사된다는 것을 확인했다.[89] 뿐만 아니라 이 신호는 최대 236데시벨에 달해 동물이 내는 소리 중 가장 큰 것으로 기록됐다.[90]

© Marion & Christoph Aistleitner

뉴질랜드 카이코우라 해안에서 향유고래가 물 위로 올라오며 물을 뿜어내고 있다.

딸깍음이 정말 먹이를 사냥하는 데 도움이 될까? 2004년 영국 패트릭 밀러Patrick Miller 연구팀은 지중해 리구리아해 및 멕시코만에 서식하는 스물세 마리 향유고래에 흡착식 디지털 태그를 부착해 움직임과 소리를 정밀 기록했다. 그 결과, 향유고래는 사냥 시 0.02~0.2초 간격의 딸깍음을 냈으며, 이 과정에서 방향을 전환하는 경우가 많았다. 딸깍음의 빈도가 높을수록 먹이 사냥 시간이 길어졌는데, 이는 해당 소리가 먹이 위치를 찾는 정밀 탐색 신호일 뿐만 아니라 주변 개체와의 의사소통에도 쓰일 가능성을 시사한다.[91] 실제로 향유고래의 짧고 규칙적인 딸깍음은 일정한 간격과 리듬으로 배열돼 짧은 시퀀스를 이뤘다. 보통 3~10개의 딸깍음이 한 묶음을 이루며 마치 인간의 사투리처럼 지역마다 방언을 가진 것으로 보고됐다.[92] 이는 무리 내에서 서로를 식별하며, 사회적 유대를 강화하고 협동하는 의사소통 신호일 것이라 추정된다.

바다의 심연에서 울리는 향유고래의 딸깍음은 그냥 소리가 아니라, 어둠을 가르는 탐색 빔이자, 동료를

ⓒWill Falcon

어디로 갈지 정한 듯 향유고래 무리가
같은 방향으로 이동하고 있다.

부르는 통신 신호이며, 거대한 몸집을 유지할 수 있는 사냥 수단이다. 과거 인간의 귀에는 그저 정자로 가득 찬 머리에서 나오는 미묘한 소리로 들렸으나 과학을 통해 비로소 정밀한 반향정위와 의사소통 기능이 있음을 조금이나마 알게 됐다.

하지만 그 거대한 머리에서 울리는 딸깍음은 여전히 인간이 완전히 이해하지 못하는 심연의 영역이다. 구체적으로 딸깍음이 거리를 조절하는 것인지, 아니면 먹이 반응을 유도하는 효과가 있는 것인지는 불확실하다. 또한 향유고래와 대왕오징어의 사냥 장면은 직접 관찰된 적이 없기 때문에 여전히 추론에 의존하고 있으며, 다른 개체들과 무리 사냥을 하는지 여부도 의문으로 남아 있다. 어쩌면 '모비 딕'은 지금도 설산처럼 하얀 이마로 깊은 바다를 가르며 우리의 상상 너머에서 유유히 헤엄치고 있을지도 모른다.

뉴질랜드 카이코우라 해안에서 항유고래가 수면 위로 꼬리를 내밀고 있다.

ⓒMathijs van den Berg

13

함께 춤추기

생존을 위해 자연이 설계한 가창오리의 군무

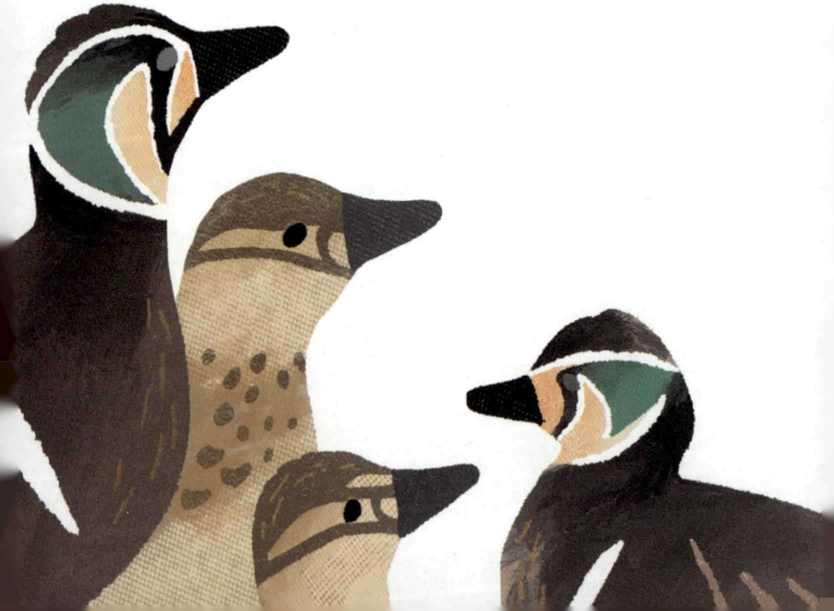

"한 번도 춤을 추지 않은 날은
잃어버린 날이라고 생각해도 좋다."

- 프리드리히 니체

겨울 해가 물가로 내려앉으며 하늘을 붉게 물들이는 시간, 하늘이 숨을 고르고 얼음 가장자리에 모여 있던 초록빛 눈의 가창오리Baikal teal들이 일제히 몸을 떤다. 그리고는 순간 갑자기 하늘로 솟구친다. 한 무리, 또 한 무리, 바람결을 따라 하늘을 채우기 시작한 새들은 하나의 거대한 몸을 이루며 궤적을 그린다. 멀리서 보면 미세한 검은 점들이 흩어졌다가 모이고, 흘렀다가 뒤틀리며, 살아 있는 초유기체처럼 하늘 위를 흐르는 듯하다. 그들의 날갯짓이 해질녘 빛을 받아 반짝이면 하늘은 잠시나마 살아 있는 생명체가 헤엄치는 바다가 된다. 몸길이 35~40센티미터의 작은 수조류지만, 수만 마리가 모여 집단을 이루면 하늘을 지배하는 하나의 거대한 생명체처럼 보인다. 전 세계 가창오리 개체군의 다수가 한반도에 온다고 하니 이 광경은 단순한 장관을 넘어 한국의 겨울을 대표하는 상징적인 풍경이라 해도 과언이 아니다.

가창오리의 비행을 가리켜 흔히 '군무群舞'라고 한다. 많은 수의 새가 비행하는 모습을 영어로는 '무리 짓다'라는 뜻의 'flocking' 혹은 '단체 행동'이라는 의미로 'collective behavior'라고 하는 데 비해 한국어 '군무'는 훨씬 더 서정적이다. 수많은 새들이 마치 안무를 짜서 움직이는 무용수들처럼 리듬에 맞춰 날아가는 모습은 정말 춤과 닮아 있다. 그들의 움직임에는 일사

가창오리 수백 마리가
물 위에 앉았다가
날아오르기 시작한다.

가창오리 떼가 노을 지는 하늘을
가득 메우며 수놓고 있다.

불란한 질서가 있으면서도 끊임없이 변화하고, 그 혼돈 속에 또 조화가 있다. 군무는 그냥 비행이 아니라 이들의 생존 기술이자 자연이 만든 즉흥 예술이다.

이 거대한 무리의 움직임에는 어떤 규칙이 있는 걸까? 그 비밀은 '이웃의 수'에 있다. 우리는 전체 무리를 멀리서 지켜보기 때문에 '한 몸처럼 움직인다'고 말하지만, 개별 새의 시야에는 오직 가까이 있는 몇 마리의 동료들만 들어온다. 실제로 새들은 가까운 개체들끼리 간격을 지키며 옆에 있는 친구들의 움직임을 참고해 자신의 속도, 방향, 간격을 미세하게 조정한다. 밀도가 높거나 무리가 커져도 이 원리는 변하지 않는다. 한 마리가 전체를 보는 것이 아니라, 바로 곁의 움직임만 감지하는 것이다. 그게 우리 눈엔 마치 전체가 하나로 움직이는 것처럼 보인다.

이 규칙은 로마의 하늘을 비행하던 2,600마리 규모의 찌르레기를 분석한 유럽 연구진의 실험에 의해 입증됐다. 새들은 절대적 거리보다 예닐곱 마리의 이웃을 기준으로 행동을 결정했고, 이런 방식이 무리의 균형을 유지하는 핵심이었다.[93] 인간 사회로 치면 붐비는 지하철역에서 수백 명이 서로 부딪히지 않고 계단을 오르내리며 걷는 것과 비슷하다. 전체 인파를 인식하지는 못해도 주변 사람들의 속도와 보폭에 맞춰 자연스럽게 조화를 이루며 걷는 것. 가창오리의 군무도 그와 같다. 각자의 눈앞에는 이웃한 몇 마리가 있을 뿐이지만 그 무리가 모여 거대한 질서를 만든다.

그렇다면 집단의 방향은 어떻게 결정될까? 초고속 3D 카메라로 새 떼를 촬영해 회전 행동을 분석한 결과, 약 400마리의 무리가 방향을 전환하는 데 걸리는 시간은 고작 0.5초에 불과했다. 선두와 마지막, 중앙에 있는 새들은 거의 동시에 반응한다. 이는 옆 친구를 모방하는 데 그치지 않고, 마치 파동처럼 정보가 전파되는 형태를 띤다. 한 마리가 방향을 틀면 그 움직임이 물결 번지듯 무리 전체로 퍼진다. 그리고 이 파동은 거의 감쇠하지 않는다. 무리가 질서정연할수록 정보는 더 빠르고 효율적으로 퍼져 간다. 줄다리기 줄을 잡고 있다가 맨 앞에서 줄을 흔들면 그 움직임이

끝으로 퍼지는 것처럼, 하늘 위 새들의 신호도 파동처럼 전달된다. 그 결과, 군무의 방향은 마치 하나의 생명체처럼 거대한 물결을 이룬다.[94]

놀라운 건 이 반응이 무리의 규모와 상관없이 일어난다는 점이다. 수백 마리일 때나 수천 마리일 때나 한 개체의 움직임 변화는 전체로 거의 즉시 퍼진다. 이는 새 떼가 규모에 의존하지 않는 연결망을 형성하고 있음을 의미한다. 마치 하나의 신경망처럼, 가창오리 무리는 내부의 모든 개체가 서로 연결돼 외부 자극이 들어오면 공동의 반응이 일어난다. 이런 단순한 규칙들이 모여 만드는 복잡하고 유연한 질서는 무리 전체가 하나로 연결된 네트워크처럼 작동한다.[95]

그럼 새들은 왜 이런 군무를 하는 걸까? 첫 번째 이유는 포식자로부터 자신을 지키기 위해서다. 수만 마리가 동시에 움직이면 포식자는 시각적으로 혼동을 느껴 개체 하나를 겨냥하기 어려워진다.[96] 두 번째는 에너지 절약 때문이다. 앞에서 나는 새의 날개 끝에서 생기는 기류를 타면 뒤따르는 새들은 보다 적은

ⓒSudeepsupasu

네팔 카트만두에 있는 랄리트푸르의 나그다하 호수에서 청둥오리(가운데)와 가창오리(아래)가 집까마귀House crow에게 쫓기고 있다.

에너지로 비행을 할 수 있다. 이렇게 서로의 바람을 이용해 비행하면 피로가 줄어든다.[97] 또한 한데 모여 비행하면서 먹이가 있는 곳, 혹은 잠을 자는 위치에 관한 정보도 공유할 수 있다. 새들의 집단 비행은 생존을 위한 필수 전략이다.

가창오리의 군무가 아름다운 이유는 복잡해 보이는 거대한 무리의 움직임 속에 놀랍도록 간결한 규칙이 숨어 있기 때문이다. 각자는 한정된 시야와 반응 속도로 움직이지만, 그 전체가 모여 거대한 질서와 조화를 이루며, 그 안에서 하나의 연결된 움직임이 생성된다. 그것이 바로 자연이 설계한 군무의 수학적 원리다.

이 군무를 바라보고 있노라면 자연스레 인간 사회를 떠올리게 된다. 수천만 명의 사람들이 한 도시에 살면서 함께 걷고 뛰면서도 서로 간의 보폭을 조정하고, 낯선 이들과도 무의식적으로 속도를 맞춘다. 마치 하늘의 새들처럼 우리도 거대한 사회적 움직임 속

ⓒPallav Pranjal

인도 아삼의 포비토라 야생동물보호구역에서 가창오리가 날갯짓을 하고 있다.

에서 일정한 간격을 유지한다. 하늘 위를 날고 있는 새들이 인간 사회를 내려다보면, 인간의 군무에 대해서도 아름답다고 생각하지 않을까?

해가 지고 노을이 사라져 하늘이 짙은 남색으로 바뀌고 나면, 가창오리 무리는 마지막 선회를 마치고 물가로 내려앉는다. 파동처럼 일렁이던 하늘엔 고요가 찾아오고, 물 위엔 군무의 여운만이 남는다. 그리고 가창오리는 숨죽여 잠을 청한다. 다가올 아침을 기다리면서…….

©Sun Jiao

가창오리 한 마리가
내일을 준비하는 듯
물 위에 고요히 떠 있다.

"자제력은 힘이고,
바른 생각은 숙련의 결과며,
평정심은 능력이다."

- 제임스 앨런

 사막은 생명에게 가혹한 시험대다. 태양 빛에 데워진 모래는 열기를 내뿜고, 비는 거의 내리지 않아 물을 찾기도 어렵다. 하지만 물을 거의 마시지 않고도 살 수 있는 동물이 있다. 지구상의 어떤 동물보다도 수분 절약에 특화된 사막 포유류, 캥거루쥐Kangaroo rat,

Dipodomys 속다.

캥거루쥐는 북아메리카 서부 사막에 사는 스물두 종의 설치류를 지칭한다. 몸무게는 약 35~180그램, 몸길이는 10~20센티미터 크기의 포유동물로[98], 19세기 중반 멕시코 사막에서 처음 기록된 이래로 미국 서부에서 새로운 종들이 발견됐다.[99] 이들은 긴 뒷발을 이용해 최대 2미터까지 뛰는 모습이 캥거루를 닮아 '캥거루쥐'라는 이름이 붙었으며, 이 기술을 이용해 포식자를 피해 재빨리 도망 다닌다.

동물의 생존에 가장 중요한 건 단연 물이다. 사막을 대표하는 동물인 낙타조차도 일정량의 물이 없으면 버티기 어렵다. 하지만 캥거루쥐는 물을 마시지 않고 갈증을 참으며 살아간다. 정말 그럴까?

캥거루쥐의 비밀은 20세기 중반, 미국의 생리학자 크누트 슈미트-닐슨 Knut Schmidt-Nielsen의 연구로 처음 밝혀졌다. 그는 캥거루쥐의 수분 대사와 신장 구조를 분석, 이 동물이 물 없이도 씨앗에서 나오는 적은 양의 수분과 대사 과정에서 생성된 물로 생존한다는 사실을 증명해 냈다.

캥거루쥐의 신장은 소변을 만드는 과정에서 물을 그냥 버리지 않는다. 일반 포유류보다 훨씬 길게 발달한 헨레고리Henle's loop 덕분에 소변 배출 전 물을 대부분 재흡수해, 거의 시럽 수준으로 농축된 소변을 배출하고[100], 대변 역시 바짝 말라 수분이 거의 없다.[101] 또한 건조한 서식 환경에 사는 캥거루쥐는 신장 속 보먼주머니Bowman's capsule 내강과 세뇨관 직경이 커서 수분 재흡수 효율이 높다.[102] 이뿐만이 아니다. 동물은 대개 호흡 중에도 몸에서 미량의 수증기를 공기 중으로 배출하는데[103], 이들은 이마저도 코 안에서 다시 응축시켜 손실을 줄인다.[104] 캥거루쥐의 작은 몸 전체가 하나의 '수분 재활용 공장'이라 해도 과언이 아닐 정도다.

캥거루쥐는 사막의 추위에도 잘 견딘다. 사막의 밤은 땅이 차갑게 식으면서 추위가 몰려들곤 한다. 일반 설치류는 추위에 노출되면 체중이 감소하지만, 캥거루쥐는 영상 5도의 저온 환경에 오래 노출돼도 체

©Aaron G Stock

캥거루쥐가 굴속에 잠을 청하고 있다.

중 손실 없이 대사율을 조절하며 버틸 수 있다. 우선 체지방을 증가시켜 열 손실을 방지하고, 체수분을 더 낮춰 수분 절약 상태에 돌입한다. 또한 혈장 단백질이 증가해 산소 운반 능력을 향상시켜 대사 효율을 높인다.[105] 이렇게 사막의 추위에 내성이 있다 보니 캥거루쥐는 주로 밤에 활동한다.

낮에는 굴을 파고 들어가 쉬는데 굴속은 서늘하고, 습도도 높기 때문에 수분을 아낄 수 있다. 그리고 밤이 되면 씨앗을 찾아 돌아다닌다. 그렇게 찾아낸 씨앗들을 굴 안으로 가져와 저장해 두면 씨앗이 습기를 머금어 촉촉해진다. 그렇게 습기를 머금은 씨앗을 섭취함으로써 수분도 함께 보충할 수 있다. 연구에 따르면 습한 굴속에 보관된 씨앗의 수분 함량은 순수 건조 씨앗보다 항상 더 높았고, 평균 두 배 이상인 것으로 나타났다. 사막 속에서 굴이라는 지하 냉장고를 통해 수분을 만들어 저장한 셈이다.

이런 캥거루쥐의 수분 절약 행동은 유전적으로 매우 강하게 각인돼 있어서 동위원소를 이용해 직접

- 미국 캘리포니아 모하비 사막에서 캥거루쥐가 관찰됐다.
- 미국 뉴멕시코 이달고카운티에 서식하고 있는 메리엄캥거루쥐의 모습이다.

측정했을 때도 연중 단 한 번도 물을 마시지 않은 것이 입증됐고, 심지어 폭우가 내릴 때도 입으로 물을 마시는 행동은 관찰되지 않았다.[106]

물론 모든 캥거루쥐가 씨앗만 먹는 것은 아니다. 곤충이나 식물을 통해 수분을 섭취하는 종도 있다. 예를 들어, 끌이빨캥거루쥐Dipodomys microps는 씨앗을 먹는 캥거루쥐와의 경쟁을 피해서 염생식물인 소금덤불Atriplex 잎을 먹는다. 이 종은 앞니가 끌처럼 납작하게 발달해 있어서 절삭용 앞니로 짠 외피를 긁어내고 수분을 채운 잎 부위를 먹는다.[107] 또한 애리조나 사막 중심부에 사는 메리엄캥거루쥐Dipodomys merriami는 씨앗뿐 아니라 곤충이나 식물도 함께 먹으며 부족한 수분 균형을 유지한다.[108] 이처럼 캥거루쥐 스물두 종은 저마다 서식지 조건에 맞춘 다양한 수분 확보 전략을 통해 갈증을 해결하고 있다.

캥거루쥐의 사막 환경 적응은 포유류가 생리적으로 해결할 수 있는 수분 절약 시스템의 모든 것을 보여 준다. 신장은 물 한 방울까지 재활용하며 체내 수분을 아끼고, 굴속에 저장된 먹이는 습기를 머금어 생수 역할을 한다. 이들의 몸과 행동에 담긴 전략들은 '생명체에 가장 필수적인 물을 어떻게 효율적으로 쓸 수 있을까'에 대한 답을 제시한다.

이런 정교한 생존 전략은 기후 변화가 가속되는 요즘 같은 시대에 더욱 눈길을 끈다. 인류는 최근 들어 극단적인 가뭄과 폭염이 지속되면서 물 부족을 겪는 지역이 증가하고 있다. 캥거루쥐의 생리학적인 진화를 인류에 직접 적용하긴 어렵겠지만, 이들이 보여준 예시와 전략을 통해 '지속적인 물 관리와 절약'을 위한 힌트를 얻을 수 있다. 실제로 다양한 사막 생물들의 적응 진화 사례들은 생물모방형 수분 응집 기술 bioinspried water-harvesting technology에 영감을 주고 있다.[109] 머지않아 인간도 캥거루쥐처럼 공기 속의 미세한 수분을 모아 식수로 바꾸는 기술을 통해 사막 같은 미래 지구에서 새로운 생존의 길을 찾아낼지도 모를 일이다.

ⓒPallav Pranjal

자이언트캥거루쥐Dipodomys ingens가 굴 밖으로 얼굴을 내밀고 있다.

15

마음으로 보기

멕시칸테트라의 보이지 않는 눈은 퇴화 아닌 진화

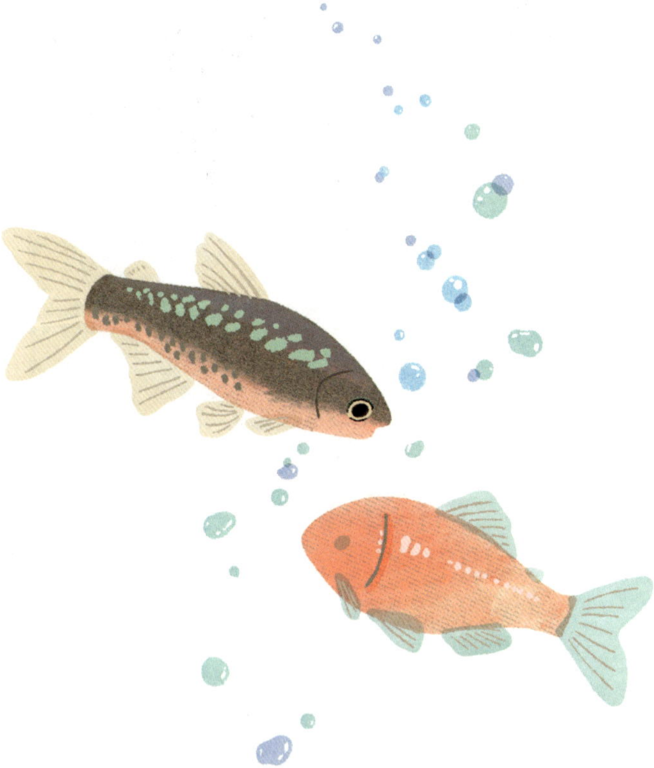

> "본질적인 건
> 눈에 보이지 않는다."
>
> - 앙투안 드 생텍쥐페리

 책을 너무도 사랑했던 아르헨티나 작가 호르헤 루이스 보르헤스Jorge Luis Borges는 50대에 시력을 잃었다. 그러나 그는 글쓰기를 멈추지 않았다. 그의 어머니는 보르헤스에게 책을 읽어 주고 그의 말을 받아 적었는데, 이를 통해 그는 여전히 '보이지 않는 눈'으로 세계를 쓸 수 있었다. 그 무렵 세상에 나온 책이 《보르헤스의 상상 동물 이야기》다.[110] 이 책에 등장하는 '살라만드라(불도마뱀)'는 불 속에서 사는 상상의 동물이다. 그에 관해 책은 다음과 같이 적고 있다.

"불의 한가운데서 살아 있으면서도, 불빛 속에서도 아무것도 보지 않는다."

보르헤스는 시력을 잃은 대신 '보이지 않는 것들'을 상상할 수 있는 감각을 얻었고, 그의 상상 속에서 탄생한 살라만드라는 쓸모없어진 눈을 감은 채 불 속에서 생명을 얻었다. 그의 눈은 빛을 잃었지만 대신 다른 감각들을 통해 새로운 세계를 창조했다.

자연에도 그런 존재가 있다. 바로 멕시칸테트라 Mexican tetra, Astyanax mexicanus다. 몸길이 10센티미터 남짓의 이 작은 민물고기는 학자들에게 '살아 있는 진화 실험'이라 불리며 크게 주목받고 있다.

멕시칸테트라는 두 종류가 공존한다. 빛이 있는

위쪽이 지상형 멕시칸테트라, 아래쪽이
눈이 보이지 않는 동굴형 멕시칸테트라다.

강에 사는 '지상형' 개체군과, 어둠 속 동굴에 사는 '동굴형' 개체군이다. 같은 종이지만 외형과 생리, 심지어 행동도 완전히 다른 이 둘은 상호 교배가 가능하나 진화의 방향은 극단적으로 갈라졌다.[111]

분자계통학적 연구에 따르면, 동굴형 멕시칸테트라의 등장은 약 100만 년 전부터 지상형 멕시칸테트라가 여러 차례 동굴 환경에 진입하면서 눈이 사라지고 측선 감각이 예민해진 결과다.[112] 한 번의 변이에 의해 생겨난 건 아니고, 여러 동굴에서 독립적으로 '진화의 재실험'을 통해 발생됐다.

동굴형 배아도 발달 초기에는 정상적인 눈 원기 optic vesicle와 수정체lens를 갖고 있었다. 그러나 발달이 진행되면서 수정체가 선택적 세포 사멸apoptosis을 일으켰고, 결국 눈이 사라지게 됐다. 눈의 기본 설계도는 여전히 남아 있지만 시각 기능은 완전히 상실했다. 이는 발달 초기 유전자 결함 때문이 아니라, 발달 후반부에 특정 신호 경로가 활성화되면서 눈의 소멸을 유도했기 때문이다.[113] 즉, 동굴형 테트라가 눈을 잃은 건 그저 필요가 없어서 '고장'난 것이 아니라, 유전적으로 정교하게 설계된 절약의 전략이었던 셈이다.

에너지 비용 가설에 따르면, 동굴형 테트라의 눈 소멸은 먹이 탐색이나 감각 기관 발달과 관련된 선택적 이점일 가능성이 크다. 눈은 유지비가 비싼 기관이다. 지상형은 동굴형보다 눈이 약 2.5배 크고, 시각 유지를 위해 휴식기 대사량의 약 15퍼센트를 사용한다.[114] 망막은 특히 높은 대사율을 가져서, 어둠 속에선 산소 소비량이 50퍼센트 이상 증가한다.[115] 빛이 없는 세계에서 눈을 유지하는 건 낭비다. 따라서 동굴형은 눈을 버리는 대신 다른 감각을 강화했다. 이는 자연 선택이 설계한 '절약형 생존 모델'이었다.[116]

동굴은 빛이 없고, 광합성 생물이 존재하지 않는다. 영양원은 박쥐의 배설물 정도에 의존할 뿐이다. 그런 환경에서 살아남으려면 먹이를 잘 감지해야 한다. 동굴형 테트라는 시각 기관을 축소시키며 아낀 에너지로 촉각·미각·후각·진동 감지 기능을 강화했다. 특히 측선lateral line과 신경소구neuromast의 수가 많아서 수

중 진동 탐지 능력이 탁월하다. 그 결과, 물속의 미세한 파동만으로도 먹이의 위치를 파악할 수 있다. 시각을 제외한 다른 감각 기관을 극대화시킴으로써 시각을 대체한 셈이다.

먹이가 부족한 동굴에서는 한 번 흡수한 에너지를 최대한 저장해야 한다. 동굴형 테트라는 피하, 내장, 간, 심지어 눈 부위에도 지방을 저장함으로써 체내 에너지 축적량을 극대화했다. 또한 인슐린 저항성을 통해 혈당을 높게 유지하는 적응을 보였다.[117] 인간이라면 이런 상태는 당뇨병으로 이어지고 수명이 단축되겠지만, 이들은 조직 손상이나 수명 단축 없이 높은 혈당을 유지한다. 즉, 질병이 아니라 에너지 효율을 높이기 위한 생존 기술로서 인슐린 저항성을 역으로 이용한 것이다.

뿐만 아니라 동굴 내 물속은 일반 하천보다 용존 산소가 20~60퍼센트나 낮다. 동굴형 테트라는 이를 보완하기 위해 적혈구 수를 늘리고 크기를 키워 산소 운반 효율을 높였다. 또한 대사율을 낮춰 산소 소비

미국 워싱턴 D.C.의 한 수족관에서
동굴형 멕시칸테트라들이 물속을 헤엄치고 있다.
동굴형 테트라는 시력 대신 자신들에게 더 필요한
감각을 얻는 방향으로 진화했다.

를 줄이는 방향으로 진화했다.[118] 이로써 한정된 산소와 먹이 속에서도 살아남는 저에너지 생존 체계를 갖췄다.

흥미롭게도 동굴형은 잠도 거의 자지 않는다. 지상형이 하루의 절반 이상을 자는 반면, 동굴형은 단 두세 시간만 잠든다.[119] 이는 히포크레틴Hypocretin이라는 신경전달물질의 과잉 분비와 관련이 있는데, 인간에서도 각성과 수면 리듬에 관여하는 물질이다.[120] 포식자가 없고 먹이가 드문 환경에서, 더 오래 깨어 있으면 더 많은 먹이를 찾을 수 있다. 이들에게 수면 부족은 피로가 누적되는 힘든 상황이 아니라, 생존에 도움이 되는 적응적 진화의 결과일지도 모른다.

빛이 사라진 곳에서 눈은 없어지고 다른 감각들이 깨어났다. 에너지를 아끼고, 혈당을 높이며, 적게 자는 건 동굴에 사는 멕시칸테트라만의 생존 기술이다. 보르헤스의 이야기 속 살라만드라는 불 속에서도 타지 않았고, 불빛 속에서도 아무것도 보지 않았다.

멕시칸테트라는 동굴에서 눈을 잃었지만 보지 않음으로써 살아남았다. 진화는 종종 이렇게 결핍에서 시작된다. 보르헤스가 시력을 잃은 뒤 상상의 눈으로 세계를 본 것처럼, 동굴 속 이 작은 물고기 역시 어둠 속에서 생존의 전략을 새로 만들어 냈다. 그들이 잃어버린 시각은 퇴화가 아니다. 절약을 통해 전환된 감각, 어둠이 깨어 낸 적응의 산물이다.

버티기

얼음의 땅에서도 누구보다 단단하게 자라는 북극버들

"넘어진 게 중요한 것이 아니라,
일어나는지가 중요한 것이다."

- 빈스 롬바르디

북극Arctic은 지리적·기후적·생물학적 기준에 따라 다양하게 정의되는데, 그중 생태학적으로 가장 널리 쓰이는 기준은 '수목한계선timber line'이다. 이 선은 나무가 생존할 수 있는 북쪽의 마지막 경계선을 의미한다. 수목한계선 너머로 가면 기온이 너무 낮고 여름이 짧아, 일반적인 의미의 나무는 자라지 못한다. 이 경계는 주로 가장 따뜻한 달의 평균 기온이 영상 10도 미만인 곳으로 설정된다. 따라서 과학자들은 흔히 "북극에는 나무가 없다."라고 말한다. 하지만 이 말은 절반만 맞다.

북극에도 나무가 있다. 다만 그 나무는 우리가 흔히 떠올리는 하늘로 뻗은 큰 나무가 아니라, 눈 아래 몸을 낮춘 채 땅에 바짝 붙어사는 작은 나무들이다.

2016년 여름, 나는 그린란드 북쪽 끝, 즉 위도 82도 이상의 고위도, 북극 끄트머리 난센란Nansen Land의 얼음 언덕을 걸었다. 그곳엔 여름에도 녹지 않는 얼음의 땅이 있었고, 눈 사이로 드러난 좁은 지면 틈에 작고 납작한 식물들이 몸을 웅크리고 있었다. 가까이 다가가 보니 북극버들Arctic willow, Salix arctica이었다. 초록 잎을 품고 있는 이 작고 단단한 식물은 지구에서 가장 추운 땅에 뿌리를 내리고 살아가는, 가장 완벽한 '나무'다.

연약해 보이기만 하는 북극버들은 생각보다 오

북극버들은 5센티미터 남짓의
작은 키로 땅에 붙어 자란다.

래 산다. 나이테를 세어 보면 수십 년, 심지어 수백 년을 사는 개체도 있다. 다만 성장 속도가 느리고, 땅을 따라 옆으로 기어가듯 자라기 때문에 사람들이 간과하기가 쉽다.

북극버들의 키는 손가락 길이 정도로, 약 5센티미터 남짓이다. 비록 작은 키지만 위로 솟는 대신 지면에 낮게 몸을 붙인 덕에 북극의 매서운 바람에도 꺾이지 않는다. 또한 겨울철에 눈이 내리면, 눈이 오히려 따뜻한 담요 역할을 해 눈 밑의 온도는 바깥의 영하 40도보다 훨씬 높게 유지된다. 북극버들의 작은 키는 추위에 살아남는 비결 중 하나다.

북극의 겨울은 길고, 어둠이 깊다. 일 년 중 거의 열 달은 눈에 덮인다. 일반적인 식물이라면 영하의 온도에서 세포 속 수분이 얼음 결정이 되면서 부피가 팽창해 세포벽이 찢어지고, 결국 조직이 파괴돼 죽고 만다. 그러나 북극버들은 영하 40도의 추위에도 조직이 손상되지 않는다. 그 비밀은 그들의 세포 속에 있다.

기온이 떨어지면 북극버들의 세포 안에선 놀라

북극버들 가지의 나이테를 보니
60년 이상 된 것으로 추정됐다.

러시아 극동 캄차카 반도의
아직 눈이 채 녹지 않은 아바친스키 산비탈에
북극버들이 제법 높이 자랐다.

ⓒAlexey Yakovlev

운 변화가 일어난다. 세포 속에 단당류sugars와 결빙방지단백질antifreezing protein이 급격히 늘어나 마치 세포의 부동액처럼 작용해 세포 내 수분이 어는 것을 막는다. 겨울철 추운 날씨가 지속될 때는 수크로스sucrose, 라피노스raffinose 같은 당류의 농도가 평균 두 배에서 네 배까지 증가한다. 이 당류들은 세포막 주변에 달라붙어 막의 인지질과 수소 결합을 형성하며, 세포가 얼음 결정에 찢기지 않게 보호한다. 동시에 결빙방지단백질은 세포벽 주변에서 얼음 결정의 성장을 물리적으로 억제해 미세한 결정이 세포를 파괴하지 못하게 막는다.[121] 이 당류와 단백질은 서로 협력해 작용한다. 당류가 세포 내 수분을 비결정 상태glassy state로 안정화시키면, 단백질은 외부에서 얼음 결정의 성장을 제어하는 식이다. 덕분에 세포는 영하의 조건에서도 얼지 않고, 마치 단단한 유리알처럼 내부 구조를 유지한다. 긴 겨울 동안 북극버들의 세포 안은 시간이 멈춘 듯 평온하지만, 죽지 않은 채로 다음 여름을 준비하며 견딘다.

북극의 여름은 짧다. 기껏 해야 6월부터 8월까지 약 두 달 남짓. 그때 잠깐의 햇살이 대지를 비춘다. 북극버들은 이 짧은 계절 동안 모든 생애 활동을 마쳐야 한다. 눈이 녹자마자 잎을 내고, 꽃을 피우며, 씨앗을 맺고, 다시 버티기에 들어가야 한다. 다른 식물들보다 주어진 시간이 짧기 때문에 햇빛을 최대한 효율적으로 이용할 필요가 있다.

북극버들의 잎의 표면은 두꺼운 왁스층cuticle으로 이뤄져서 반들반들 윤이 난다. 이 왁스층은 빛을 반사시키는데 그로 인해 빛이 잎 내부로 고르게 퍼져 약한 햇빛도 유용하게 쓸 수 있다. 또한 왁스층은 수분 증발을 줄이는 보호막 역할도 한다. 뿐만 아니라 북극버들 잎의 짙은 녹색은 빛의 흡수율을 증가시킨다. 이를 통해 북극버들은 6~8주라는 짧은 시간에 집약적으로 성장하고, 매우 효과적으로 광합성한다.[122]

7월 말, 다시 눈이 내리기 시작하면 북극버들은 재빨리 종자를 퍼뜨려야 한다. 이들의 씨앗은 솜털처럼 가벼워 북극의 거센 바람을 타고 멀리 날아간다.

ⓒRichard Collier

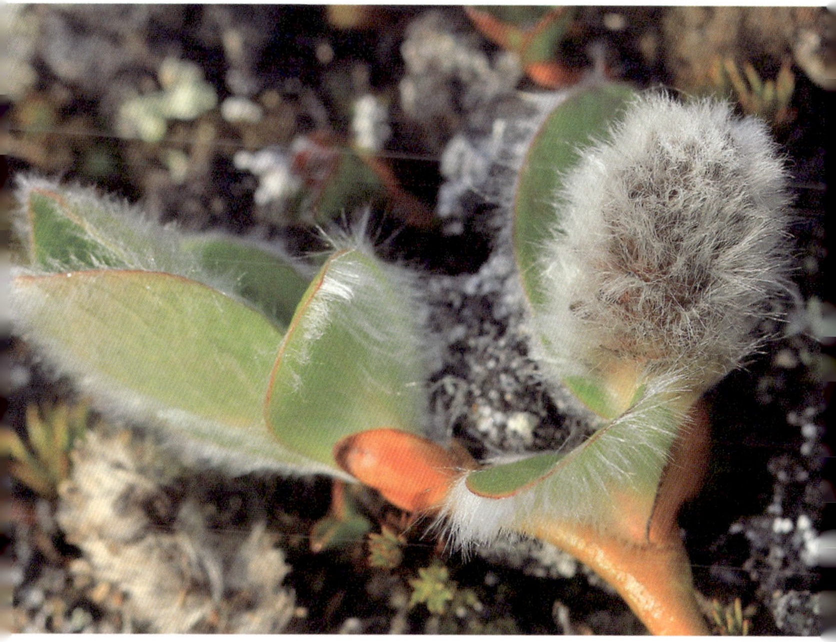

북극버들의 잎은 윤기가 흐르고,
솜털처럼 맺힌 씨앗은 바람을 타고
날아갈 준비를 하고 있다.

이렇게 털이 달린 덕에 씨앗은 장거리 여행을 하며 새롭게 녹은 땅으로 나아가 서식지를 넓힐 수 있다.[123]

한 줄기의 태양 빛도 허투루 쓰기 않기 위해 진화적으로 설계된 고효율의 잎과, 혹독한 바람을 역으로 이용할 수 있는 털 달린 씨앗으로 북극버들은 짧은 여름 동안 생명을 싹틔울 준비를 마친다.

북극버들의 강인함은 크고 곧음에서 오는 것이 아니라, 작고 비틀림에서 비롯된다. 땅에 바짝 엎드려 몸을 휘고 뒤틀어 자라지만, 그 안은 누구보다 꿋꿋하고 단단하다. 아무리 거센 바람이 불어도 움직이지 않는다. 어떤 해에는 꽃을 피우지 못하고, 어떤 해에는 눈 속에 완전히 묻히기도 하지만, 세포 속엔 여전히 생명이 살아 숨 쉰다.

이 식물은 최장 270년을 살기도 한다.* 그린란드 동부엔 18세기 후반부터 살아온 북극버들 개체가 아직도 그 자리를 지키고 있는데, 이 사실은 이 작은 생명이 비록 느리지만 얼마나 강인하게 시간을 살아 내는지 잘 보여 준다.

북극에서 현장 조사 중 잠시 쉬기 위해 바닥에 앉으면, 내 발 아래엔 항상 북극버들이 있다. 그들은 넝쿨처럼 가지를 뻗어 대지를 덮었고, 나는 마치 거대한 거인이 돼 나무 꼭대기를 밟고 서 있는 기분이 들곤 한다. 그래서 나는 늘 조심스럽게 앉는다. 내 발에 스치는 작은 가지 하나도, 영하 40도의 바람을 견뎌 낸 생명이기 때문이다. 비록 말없는 식물이지만 그 침묵 속에서도 생명의 언어가 느껴지고, 이들이 가진 강인한 생명력을 떠올리면 절로 고개가 숙여진다.

※ 그린란드 동쪽에 위치한 덴마크 자켄베르 기지를 기반으로 조사한 바에 따르면, 최장 270년생이 발견됐다. Boulanger-Lapointe, N., Lévesque, E., Boudreau, S., Henry, G. H., & Schmidt, N. M. (2014). "Population structure and dynamics of Arctic willow (Salix arctica) in the High Arctic". Journal of Biogeography, 41(10), 1967-1978.

미주

01. 물에 몸 담그기

1 Kooyman, G. L. (1969). "The Weddell seal". Scientific American, 221(2), 100-107.

03. 높이 날기

2 Javed, S., Takekawa, J. Y., Douglas, D. C., Rahmani, A. R., Kanai, Y., Nagendran, M., ... & Sharma, S. (2000). "Tracking the Spring Migration of a Bar-headed goose (Anser indicus) across the Himalaya with Satellite Telemetry". Global Environmental Research, 4(2), 195-205.
3 Natarajan, C., Jendroszek, A., Kumar, A., Weber, R. E., Tame, J. R., Fago, A., & Storz, J. F. (2018). "Molecular Basis of Hemoglobin Adaptation in the High-flying Bar-headed goose". PLoS genetics, 14(4), e1007331.
4 Scott, G. R. & Milsom, W. K. (2006). Respiratory Physiology & Neurobiology, 154, 340−353.
5 Scott, G. R., Schulte, P. M., Egginton, S., Scott, A. L., Richards, J. G., & Milsom, W. K. (2011). "Molecular Evolution of Cytochrome c Oxidase Underlies High-altitude Adaptation in the Bar-headed goose". Molecular Biology and Evolution, 28(1), 351-363.

6 Bishop, C. M., Spivey, R. J., Hawkes, L. A., Batbayar, N., Chua, B., Frappell, P. B., ... & Butler, P. J. (2015). "The Roller Coaster Flight Strategy of Bar-headed geese Conserves Energy during Himalayan Migrations". Science, 347(6219), 250-254.

04. 침잠하기

7 국가유산청 국가유산포털 제주해녀문화. https://www.heritage.go.kr/heri/html/HtmlPage.do?pg=/unesco/CulHeritage/CulHeritage_19.jsp&pageNo=0
8 Bird, D. J., Hamid, I., Fox-Rosales, L., & Van Valkenburgh, B. (2020). "Olfaction at depth: Cribriform Plate Size Declines with Dive Depth and Duration in Aquatic Arctoid Carnivorans". Ecology and Evolution, 10(14), 6929-6953.
9 Costa, D. P., Robinson, P. W., Arnould, J. P. Y., Harrison, A. L., Simmons, S. E., Hassrick, J. L., ... Crocker, D. E. (2010). "Accuracy of ARGOS Locations of Pinnipeds at-sea Estimated Using Fastloc GPS". PLoS One, 5, e8677. (https://doi.org/10.1371/journal.pone.0008677)
10 Hindell, M. A., Slip, D. J., & Burton, H. R. (1991). "The Diving Behaviour of Adult Male and Female Southern Elephant seals, Mirounga leonina(Pinnipedia: Phocidae)". Australian Journal of Zoology, 39, 499-508.
11 조선일보 군사세계. (2020.08.09.). "세계에서 가장 깊이 잠수한 군용 잠수함 BEST 10". https://bemil.chosun.com/nbrd/bbs/view.html?b_bbs_id=10044&pn=0&num=221082&order=date)
12 Ponganis. (2015). Diving physiology of marine mammals and seabirds.
13 Kendall-Bar, J. M., Williams, T. M., Mukherji, R., Lozano, D. A., Pitman, J. K., Holser, R. R., ... & Costa, D. P. (2023). "Brain Activity of Diving Seals Reveals Short Sleep Cycles at Depth". Science, 380(6642), 260-265.
14 Butler, Jones. (1997). Annual Review of Physiology.
15 Elsner. (1999). Living in water: Adaptations of aquatic mammals.

16 Kooyman. (1989). Diverse divers: Physiology of breath-hold divig.
17 Ponganis et al. (1999). Respiratory Physiology and Neurobiology.
18 Le Boeuf BJ, et al. (1989). Canadian Journal of Zoology, 67, 2514-2519.
19 Allegue, H., Guinet, C., Patrick S. C., Hindell, M. A., McMahon, C. R., Reale, D. (2022). "Sex, Body Size, and Boldness Shape the Seasonal Foraging Habitat Selection in Southern Elephant Seals". Ecology and Evolution, 12, e8457.
20 Adachi et al. (2022). "Whiskers as Hydrodynamic Prey sensors in Foraging Seals". Proceedings of the National Academy of Sciences, 119(25), e2119502119.

05. 인내하기

21 Hogarth, P. J. (2015). The Biology of Mangroves and Seagrasses. Oxford university press.
22 Kathiresan, K., & Bingham, B. L. (2001). Biology of Mangroves and Mangrove Ecosystems.
23 Ellison, A. M., Farnsworth, E. J., & Merkt, R. E. (1999). "Origins of Mangrove Ecosystems and the Mangrove Biodiversity Anomaly". Global Ecology and Biogeography, 8(2), 95-115.
24 UNEP. "Mangrove Forests". https://www.unep.org/topics/ocean-seas-and-coasts/blue-ecosystems/mangrove-forests?utm_source=chatgpt.com
25 Devaney, J. L., Marone, D., & McElwain, J. C. (2021). "Impact of Soil Salinity on Mangrove Restoration in a Semiarid Region: A Case Study from the Saloum Delta, Senegal". Restoration Ecology, 29(2), e13186.
26 Parida, A. K., & Jha, B. (2010). "Salt Tolerance Mechanisms in Mangroves: A Review". Trees, 24(2), 199-217.
27 Ong, J. E., Gong, W. K., & Wong, C. H. (2004). "Allometry and Partitioning of the Mangrove, Rhizophora Apiculata". Forest Ecology and Management, 188(1-3), 395-408.

28 Srikanth, S., Lum, S. K. Y., & Chen, Z. (2016). "Mangrove Root: Adaptations and Ecological Importance". Trees, 30(2), 451-465.

29 Srikanth, S., Lum, S. K. Y., & Chen, Z. (2016). "Mangrove Root: Adaptations and Ecological Importance". Trees, 30(2), 451-465.

30 Ricklefs, R. E., & Latham, R. E. (1993). "Global Patterns of Diversity in Mangrove Floras". Species Diversity in Ecological Communities: Historical and Geographical Perspectives. University of Chicago Press, Chicago, 215-229.

31 UNEP. "Mangrove Forests". https://www.unep.org/topics/ocean-seas-and-coasts/blue-ecosystems/mangrove-forests?utm_source=chatgpt.com

32 Kathiresan, K., & Bingham, B. L. (2001). Biology of Mangroves and Mangrove Ecosystems.

33 UNEP. "Mangrove Forests". https://www.unep.org/topics/ocean-seas-and-coasts/blue-ecosystems/mangrove-forests?utm_source=chatgpt.com

06. 모이기

34 Isenmann, P. (1971). "Contribution à l'éthologie et à l'écologie du Manchot Empereur (Aptenodytes fors teri Gray) à la Colonie de Pointe Géologie (Terre Adélie)". L'oi s eau et l a R. F. O., 40, 136-159.

35 Jouventin, P., Guillotin, M. & Cornet, A. (1979). "Le Chant du Manchot Empereur et sa Signification Adaptative". Behaviour, 70, 231–250. Jouventin, P. (1982). Visual and Vocal Signals in Penguins, their Evolution and Adaptive Characters. Berlin: Parey.

36 Gilbert, C., Le Maho, Y., Perret, M. and Ancel, A. (2007). "Body temperature Changes Induced by Huddling in Breeding Male Emperor Penguins". Am. J. Phys iol, 292, R176-R185.

37 Gilbert, C, Blanc, S., Le Maho, Y., Ancel, A. (2008). "Energy Saving Processes in Huddling Emperor penguins: from Experiments to Theory". The Journal of Experimental Biology, 211:1-8.

38 Gilbert, C., Le Maho, Y., Robertson, G., Naito, Y. and Ancel, A. (2006).

"Huddling Behavior in Emperor Penguins: Dynamics of Huddling". Phys iol. Beh a v.88, 479-488.
39. Hayes, J. P., Speakman, J. R. and Racey, P. A. (1992). "The Contributions of Local Heating and Reducing Exposed Surface-area to the Energetic Benefits of Huddling by Short-tailed Field Voles(Microtus agrestis)". Phys iol. Zool, 65, 742-762.
40. Gilbert, C., Le Maho, Y., Perret, M. and Ancel, A. (2007). "Body Temperature Changes Induced by Huddling in Breeding Male Emperor penguins". Am. J. Phys iol, 292, R176-R185.

07. 도망치기

41. Davenport, J. (1994). "How and Why Do Flying fish Fly?". Reviews in Fish Biology and Fisheries, 4(2), 184-214.
42. 기네스 월드 레코드. "날치의 최장 비행 기록". https://www.guinnessworldrecords.com/world-records/498196-longest-flight-by-a-flyingfish-duration
43. François, B. (2023). Les Génies des mers. Flammarion. 빌 프랑수아. (2024). 《바다의 천재들》. 해나무.
44. Park, H., & Choi, H. (2010). "Aerodynamic Characteristics of Flying fish in Gliding Flight". Journal of Experimental Biology, 213(19), 3269-3279.
45. Davenport, J. (1994). "How and Why do Flying fish Fly?". Reviews in Fish Biology and Fisheries, 4(2), 184-214.
46. Park, H., & Choi, H. (2010). "Aerodynamic Characteristics of Flying fish in Gliding Flight". Journal of Experimental Biology, 213(19), 3269-3279.
47. Davenport, J. (1994). "How and Why do Flying fish Fly?". Reviews in Fish Biology and Fisheries, 4(2), 184-214.
48. Davenport, J. (1994). "How and Why do Flying fish Fly?". Reviews in Fish Biology and Fisheries, 4(2), 184-214.

08. 적응하기

49 Sale, R. (2018). Wildlife of the Arctic, Vol. 15. Princeton University Press.

50 Liu, S., Lorenzen, E. D., Fumagalli, M., Li, B., Harris, K., Xiong, Z., ... & Wang, J. (2014). "Population Genomics Reveal Recent Speciation and Rapid Evolutionary Adaptation in Polar bears". Cell, 157(4), 785-794.

51 Hedberg, G. E., Derocher, A. E., Andersen, M., Rogers, Q. R., DePeters, E. J., Lönnerdal, B., ... & Hollis, B. (2011). "Milk Composition in Free-ranging Polar bears(Ursus maritimus) as a Model for Captive Rearing Milk Formula". Zoo Biology, 30(5), 550-565.

52 Thiemann, G. W., Iverson, S. J., & Stirling, I. (2008). "Polar bear Diets and Arctic Marine Food Webs: Insights from Fatty Acid Analysis". Ecological Monographs, 78(4), 591-613.

53 Atkinson, S. N., Nelson, R. A., & Ramsay, M. A. (1996). "Changes in the Body Composition of Fasting Polar bears(Ursus maritimus): The Effect of Relative Fatness on Protein Conservation". Physiological Zoology, 69(2), 304-316.

54 Liu, S., Lorenzen, E. D., Fumagalli, M., Li, B., Harris, K., Xiong, Z., ... & Wang, J. (2014). "Population Genomics Reveal Recent Speciation and Rapid Evolutionary Adaptation in Polar bears". Cell, 157(4), 785-794.

55 Blix, A. S., & Lentfer, J. W. (1979). "Modes of Thermal Protection in Polar bear Cubs-at Birth and on Emergence from the Den". American Journal of Physiology-Regulatory, Integrative and Comparative Physiology, 236(1), R67-R74.

56 Pilfold, N. W., McCall, A., Derocher, A. E., Lunn, N. J., & Richardson, E. (2017). "Migratory Response of Polar bears to Sea ice loss: to swim or not to swim". Ecography, 40(1), 189-199.

57 Whiteman, J. P. (2021). "Polar bear Behavior: Morphologic and Physiologic Adaptations". Ethology and Behavioral Ecology of Sea Otters and [olar bears, pp.219-246. Cham: Springer International Publishing.

58 Molnár, P. K., Derocher, A. E., Thiemann, G. W., & Lewis, M. A. (2010). "Predicting Survival, Reproduction and Abundance of Polar bears under Climate Change". Biological Conservation, 143(7), 1612-1622.

59 "Arctic sea ice sets a record low maximum in 2025". https://nsidc.org/sea-ice-today/analyses/arctic-sea-ice-sets-record-low-maximum-2025

09. 움츠리기

60 Jönsson, K. I., Rabbow, E., Schill, R. O., Harms-Ringdahl, M., & Rettberg, P. (2008). "Tardigrades Survive Exposure to Space in Low Earth Orbit". Current Biology, 18(17), R729-R731.

61 Wełnicz, W., Grohme, M. A., Kaczmarek, Ł., Schill, R. O., & Frohme, M. (2011). "Anhydrobiosis in Tardigrades—The Last Decade". Journal of Insect Physiology, 57(5), 577-583.

62 Seki, K., & Toyoshima, M. (1998). "Preserving Tardigrades under Pressure". Nature, 395(6705), 853-854.

63 Arakawa, K. (2022). "Examples of Extreme Survival: Tardigrade Genomics And Molecular Anhydrobiology". Annual Review of Animal Biosciences, 10(1), 17-37.

64 Hashimoto, T., Horikawa, D. D., Saito, Y., Kuwahara, H., Kozuka-Hata, H., Shin-i, T., ... & Kunieda, T. (2016). "Extremotolerant Tardigrade Genome And Improved Radiotolerance of Human Cultured Cells by Tardigrade-unique Protein". Nature communications, 7(1), 12808.

65 Neves, R. C., Hvidepil, L. K., Sørensen-Hygum, T. L., Stuart, R. M., & Møbjerg, N. (2020). "Thermotolerance Experiments on Active and Desiccated States of Ramazzottius Varieornatus Emphasize That Tardigrades Are Sensitive to High Temperatures". Scientific Reports, 10(1), 94.

10. 표류하기

66 Yaghmour, F., & Al Naqbi, H. (2020). "First Record of Columbus crab Planes minutus (Crustacea: Decapoda: Brachyura: Grapsidae) Linnaeus, 1758 for the Northwestern Indian Ocean". Marine Biodiversity Records, 13(1), 7.

67 Davenport J. (1992). "Observations on the Ecology, Behaviour, Swimming Mechanism and Energetics of the Neustonic Grapsid crab, Planes minutus". Journal of the Marine Biological Association of the United Kingdom, 72(3): 611-620.

68 Dellinger T, Davenport J, Wirtz P. (1997). "Comparisons of Social Structure of Columbus Crabs Living on Loggerhead Sea Turtles and Inanimate Flotsam". Journal of the Marine Biological Association of the United Kingdom, 77(1): 185-194.

69 Davenport, J. (1994). "A Cleaning Association between the Oceanic Crab Planes minutus and the Loggerhead Sea turtle Caretta caretta". Journal of the Marine Biological Association of the United Kingdom, 74(3), 735-737.

70 Frick, M. G., Williams, K. L., Bolten, A. B., Bjorndal, K. A., & Martins, H. R. (2004). "Diet and Fecundity of Columbus crabs, Planes minutus, Associated with Oceanic-stage Loggerhead Sea turtles, Caretta caretta, and inanimate flotsam". Journal of Crustacean Biology, 24(2), 350-355.

71 Pfaller, J. B., & Gil, M. A. (2016). "Sea turtle Symbiosis Facilitates Social Monogamy in Oceanic crabs via Refuge Size". Biology Letters, 12(9).

72 Tutman, P., Kapiris, K., Kirinčić, M., & Pallaoro, A. (2017). "Floating Marine Litter as a Raft for Drifting Voyages for Planes minutus(Crustacea: Decapoda: Grapsidae) and Liocarcinus navigator(Crustacea: Decapoda: Polybiidae)". Marine Pollution Bulletin, 120(1-2), 217-221.

11. 느끼기

73 Mendes-Junior, R. N. G., Sá-Oliveira, J. C., & Ferrari, S. F. (2016). "Biology of the Electric eel, Electrophorus electricus, Linnaeus, 1766(Gymnotiformes: Gymnotidae) on the Floodplain of the Curiaú River, eastern Amazonia". Reviews in Fish Biology and Fisheries, 26(1), 83-91.

74 Catania, K. C. (2016). "Leaping eels Electrify Threats, Supporting Humboldt's Account of a Battle with Horses". Proceedings of the National Academy of Sciences, 113(25), 6979-6984.

75 Catania, K. C. (2015). "Electric eels Use High-voltage to Track Fast-moving Prey". Nature Communications, 6(1), 8638.

76 Hopkins, C. D. (1988). "Neuroethology of Electric Communication". Annual Review of Neuroscience, 11(1), 497-535.

77 Hopkins, C. D. (1988). "Neuroethology of Electric Communication". Annual Review of Neuroscience, 11(1), 497-535.

78 Crawford, J. D., & Huang, X. (1999). "Communication Signals and Sound Production Mechanisms of Mormyrid Electric fish". Journal of Experimental Biology, 202(10), 1417-1426.

79 The Conversation. "Electric eels Inspired the First Battery Two Centuries Ago and Now Point a Way to Future Battery Technologies". https://theconversation.com/electric-eels-inspired-the-first-battery-two-centuries-ago-and-now-point-a-way-to-future-battery-technologies-178465 (https://doi.org/10.64628/AAI.f7qrfpgac)

80 D'Angelo, E., & Mazzarello, P. (2018). "Electric Fish Inspire Inventors across the Centuries". Nature, 555(7697), 165-166.

81 Darwin C. (1859). On the Origin of Species by Means of Natural Selection. pp.ix, 1. J. Murray, London.

82 Gallant, J. R., Traeger, L. L., Volkening, J. D., Moffett, H., Chen, P. H., Novina, C. D., ... & Sussman, M. R. (2014). "Genomic Basis for the Convergent Evolution of Electric Organs". Science, 344(6191), 1522-1525.

83 Xiao, X., Mei, Y., Deng, W., Zou, G., Hou, H., & Ji, X. (2024). "Electric

eel Biomimetics for Energy Storage and Conversion". Small Methods, 8(6), 2201435.

84 Schroeder, T. B., Guha, A., Lamoureux, A., VanRenterghem, G., Sept, D., Shtein, M., ... & Mayer, M. (2017). "An Electric-eel-inspired Soft Power Source from Stacked Hydrogels". Nature, 552(7684), 214-218.

12. 소리 내기

85 Glarou, M., Gero, S., Frantzis, A., Brotons, J. M., Vivier, F., Alexiadou, P., ... & Christianson, F. (2023). "Estimating Body Mass of Sperm whales from Aerial Photographs". Marine Mammal Science, 39(1), 251-273.

86 Clarke, M. R. (1979). "The Head of the Sperm whale". Scientific American, 240(1), 128-141.

87 Kubodera, T., & Mori, K. (2005). "First-ever Observations of a Live Giant Squid in the Wild". Proceedings of the Royal Society B: Biological Sciences, 272(1581), 2583-2586.

88 Nilsson, D. E., Warrant, E. J., Johnsen, S., Hanlon, R., & Shashar, N. (2012). "A Unique Advantage for Giant Eyes in Giant squid". Current Biology, 22(8), 683-688.

89 Madsen, P., Wahlberg, M., & Møhl, B. (2002). "Male Sperm whale(Physeter macrocephalus) Acoustics in a High-latitude Habitat: Implications for Echolocation and Communication". Behavioral Ecology and Sociobiology, 53(1), 31-41.

90 Møhl, B., Wahlberg, M., Madsen, P. T., Heerfordt, A., & Lund, A. (2003). "The Monopulsed Nature of Sperm whale Clicks". The Journal of the Acoustical Society of America, 114(2), 1143-1154.

91 Miller, P. J., Johnson, M. P., & Tyack, P. L. (2004). "Sperm whale Behaviour Indicates the Use of Echolocation Click Buzzes 'Creaks' in Prey Capture". Proceedings of the Royal Society of London. Series B: Biological Sciences, 271(1554), 2239-2247.

92 Weilgart, L., & Whitehead, H. (1997). "Group-specific Dialects and

Geographical Variation in Coda Repertoire in South Pacific Sperm whales". Behavioral Ecology and Sociobiology, 40(5), 277-285.

13. 함께 춤추기

93 Ballerini, M., Cabibbo, N., Candelier, R., Cavagna, A., Cisbani, E., Giardina, I., ... & Zdravkovic, V. (2008). "Interaction Ruling Animal Collective Behavior Depends on Topological Rather than Metric Distance: Evidence from a Field Study". Proceedings of the National academy of sciences, 105(4), 1232-1237.

94 Attanasi, A., Cavagna, A., Del Castello, L., Giardina, I., Grigera, T. S., Jeli , A., ... & Viale, M. (2014). "Information Transfer and Behavioural Inertia in Starling Flocks". Nature Physics, 10(9), 691-696.

95 Cavagna, A., Cimarelli, A., Giardina, I., Parisi, G., Santagati, R., Stefanini, F., & Viale, M. (2010). "Scale-free Correlations in Starling Flocks". Proceedings of the National Academy of Sciences, 107(26), 11865-11870.

96 Hogan, B. G., Hildenbrandt, H., Scott-Samuel, N. E., Cuthill, I. C., & Hemelrijk, C. K. (2017). "The Confusion Effect When Attacking Simulated Three-dimensional Starling Flocks". Royal Society Open Science, 4(1), 160564.

97 Weimerskirch, H., Martin, J., Clerquin, Y., Alexandre, P., & Jiraskova, S. (2001). "Energy Saving in Flight Formation". Nature, 413(6857), 697-698.

14. 절약하기

98 Encyclopaedia Britannica의 "Kangaroo rat".
99 True, F. W. (1887). A New Study of the Genus Dipodomys. United States National Museum.
100 Schmidt-Nielsen, B. (1952). "Renal Tubular Excretion of Urea in

Kangaroo rats". American Journal of Physiology-Legacy Content, 170(1), 45-56.

101 Schmidt-Nielsen, B., & Schmidt-Nielsen, K. (1951). "A Complete Account of the Water Metabolism in Kangaroo rats and an Experimental Verification".

102 Potter, G. W. (1970). Master thesis. "Nephron Size in Dipodomys: A Comparison of the Nephron Tubule Diameters of Kangaroo Rats from Arid, Semi-Arid, and Coastal Environments"(Fresno State College).

103 Chew, R. M., & Dammann, A. E. (1961). "Evaporative Water Loss of Small Vertebrates, as Measured with an Infrared Analyzer". Science, 133(3450), 384-385.

104 Welch, W. R., & Tracy, C. R. (1977). "Respiratory water loss: A predictive model". Journal of Theoretical Biology, 65(2), 253-265.

105 Yousef, M. K., & Dill, D. B. (1970). "Physiological Adjustments to Low Temperature in the Kangaroo rat(Dipodomys merriami)". Physiological Zoology, 43(2), 132-138.

106 Nagy, K. A., & Gruchacz, M. J. (1994). Seasonal water and energy metabolism of the desert-dwelling kangaroo rat (Dipodomys merriami). Physiological Zoology, 67(6), 1461-1478.

107 Kenagy, G. J. (1973). "Adaptations for Leaf Eating in the Great Basin Kangaroo rat, Dipodomys microps". Oecologia, 12(4), 383-412.

108 Tracy, R. L., & Walsberg, G. E. (2002). "Kangaroo rats Revisited: Re-evaluating a Classic Case of Desert Survival". Oecologia, 133(4), 449-457.

109 Zhu, H., Guo, Z., & Liu, W. (2016). "Biomimetic Water-collecting Materials Inspired by Nature". Chemical Communications, 52(20), 3863-3879.

15. 마음으로 보기

110 호르헤 루이스 보르헤스. (2016). 남진희 옮김. 피터 시스 그림. 민음사(원저: Jorge Luis Borges & Margarita Guerrero. (1957). El Libro de los

Seres Imaginarios).

111 Jeffery, W. R. (2001). "Cavefish as a Model System in Evolutionary Developmental Biology". Developmental Biology, 231(1), 1–12.

112 Bradic, M., Teotónio, H., & Borowsky, R. L. (2013). "The Population Genomics of Repeated Evolution in the Blind cavefish Astyanax mexicanus". Molecular Biology and Evolution, 30(11), 2383–2400.

113 Jeffery, W. R. (2005). "Adaptive Evolution of Eye Degeneration in the Mexican blind cavefish". Journal of Heredity, 96(3), 185–196.

114 Moran, D., Softley, R., & Warrant, E. J. (2015). "The Energetic Cost of Vision and the Evolution of Eyeless Mexican cavefish". Science advances, 1(8), e1500363.

115 Wangsa-Wirawan, N. D., & Linsenmeier, R. A. (2003). "Retinal Oxygen: Fundamental and Clinical Aspects". Archives of Ophthalmology, 121(4), 547–557.

116 Protas, M., Conrad, M., Gross, J. B., Tabin, C., & Borowsky, R. (2007). "Regressive Evolution in the Mexican cave tetra, Astyanax mexicanus". Current Biology, 17(5), 452–454.

117 Riddle, M. R., Aspiras, A. C., Gaudenz, K., Peuß, R., Sung, J. Y., Martineau, B., ... & Rohner, N. (2018). "Insulin Resistance in Cavefish as an Adaptation to a Nutrient-limited Environment". Nature, 555(7698), 647–651.

118 Cobham, A. E., & Rohner, N. (2024). "Unraveling Stress Resilience: Insights from Adaptations to Extreme Environments by Astyanax mexicanus cavefish". Journal of Experimental Zoology Part B: Molecular and Developmental Evolution, 342(3), 178–188.

119 Duboué, E. R., Keene, A. C., & Borowsky, R. L. (2011). "Evolutionary Convergence on Sleep Loss in Cavefish Populations". Current biology, 21(8), 671–676.

120 Jaggard, J. B., Stahl, B. A., Lloyd, E., Prober, D. A., Duboue, E. R., & Keene, A. C. (2018). "Hypocretin Underlies the Evolution of Sleep Loss in the Mexican cavefish". Elife, 7, e32637.

16. 버티기

121 Preston, J. C., & Sandve, S. R. (2013). "Adaptation to Seasonality and the Winter Freeze". Frontiers in Plant Science, 4, 167.

122 Raven, J. A. (1992). "The Physiology of Salix. Proceedings of the Royal Society of Edinburgh, Section B". Biological Sciences, 98, 49-62.

Dawson, T. E., & Bliss, L. C. (1993). "Plants as Mosaics: Leaf-, Ramet-, and Gender-level Variation in the Physiology of the Dwarf Willow, Salix arctica". Functional Ecology, 293-304.

123 Boulanger-Lapointe, N., Lévesque, E., Boudreau, S., Henry, G. H., & Schmidt, N. M. (2014). "Population Structure and Dynamics of Arctic willow(Salix arctica) in the High Arctic". Journal of Biogeography, 41(10), 1967-1978.

자연은 포기하지 않는다

초판 1쇄 발행 2025년 12월 22일

지은이 이원영
펴낸이 허정도
편집장 임세미
책임편집 한지은 **디자인** 김지연
마케팅 신대섭 김수연 배태욱 김하은 이영조 **제작** 조화연

펴낸곳 주식회사 교보문고
등록 제406-2008-000090호(2008년 12월 5일)
주소 경기도 파주시 문발로 249(10881)
전화 대표전화 1544-1900 **주문** 02)3156-3665 **팩스** 0502)987-5725
ISBN 979-11-7061-348-0 (03470)

- 책값은 표지에 있습니다.
- 이 책의 내용에 대한 재사용은 저작권자와 교보문고의 서면 동의를 받아야만 가능합니다.
- 잘못된 책은 구입하신 곳에서 바꾸어 드립니다.